다 윈 가

플 라 톤 가

지식인마을 10

뉴턴 & 데카르트

거인의 어깨에
올라선 거인

지식인마을 10 거인의 어깨에 올라선 거인

뉴턴 & 데카르트

저자_ 박민아

1판 1쇄 발행_ 2006. 11. 10.
1판 7쇄 발행_ 2023. 12. 1.

발행처_ 김영사
발행인_ 고세규

등록번호_ 제406-2003-036호
등록일자_ 1979. 5. 17.

경기도 파주시 문발로 197(문발동) 우편번호 10881
마케팅부 031)955-3100, 편집부 031)955-3200, 팩스 031)955-3111

저작권자 ⓒ 박민아, 2006

값은 뒤표지에 있습니다.
ISBN 978-89-349-2123-3 04400
　　　 978-89-349-2136-3 (세트)

홈페이지_ www.gimmyoung.com　　　블로그_ blog.naver.com/gybook
인스타그램_ instagram.com/gimmyoung　　이메일_ bestbook@gimmyoung.com

좋은 독자가 좋은 책을 만듭니다.
김영사는 독자 여러분의 의견에 항상 귀 기울이고 있습니다.

지식인마을 10

뉴턴 & 데카르트
Isaac Newton & René Descartes

거인의 어깨에 올라선 거인

박민아 지음

김영사

우리는 어디에서 온 누구인가?

내가 데카르트를 처음 만난 것은 중학교 윤리 교과서를 통해서였다. 교과서 속의 데카르트는 '이성을 중시하는 대륙의 합리론자'로 내 머리 한 구석에 저장되었고 나는 꽤 오랫동안 데카르트가 무척 건조하고 재미없는 사람일 것이라고 생각해왔다. 콧수염을 기른 데카르트의 유명한 초상화는 느끼해 보이기까지 해서 데카르트에 대한 흥미를 더욱 떨어뜨렸다.

대학원에 들어와 데카르트의 원전을 직접 읽고 나서야 그동안의 생각이 오해였다는 것을 알게 되었다. 특히 우주, 빛, 인체 같은 주제를 기계적 철학으로 풀어낸 그의 자연철학 연구를 접하고 나서 이 사람이 얼마나 상상력이 풍부했던 사람이었는지, 얼마나 기발한 아이디어들로 가득 찬 재미있는 사람이었는지를 실감할 수 있었다.

역사에 길이 기억될 위대한 업적에도 불구하고 뉴턴은 사실 그다지 정이 가는 인물은 아니다. 사교성이 모자라서 어릴 때부터 친구가 별로 없었고, 자신의 이론에 대해 반대하는 것을 참지 못해서 반대자에게는 가혹하게 대응했다. 어쩌면 연구의 위대성에 대비되어서, 그의 성격은 더욱 괴팍하게 묘사되었는지도 모른다.

유복자로 태어나 어머니마저 재혼과 함께 떠나버렸던 뉴턴의 외롭던 어린 시절 이야기를 듣고서야 이 위대한 인물의 괴팍한 성격이 조금 이해가 되었다. 그리고 뉴턴을 좋아하지는 못하더라도 이해해 보아야겠다는 마음이 들어 과학자 뉴턴만큼이나 인간 뉴턴에 관심을 가지게 되었다.

이 책에서는 근대과학을 만들어 낸 두 명의 위인, 데카르트와 뉴턴의 조금 생소한 모습을 만나게 될 것이다. 합리론 철학자가 아닌 재미있고 기발했던 자연철학자이자 과학자로서의 데카르트를, 그리고 뉴턴에 대해서는 대단한 과학적 업적과 함께 그의 인간적인 면모들을 동시에 보여주고자 했다. 데카르트와 뉴턴의 이런 모습들을 통해 과학 활동이 어려운 이론이나 복잡한 수식으로만 이루어져 있는 것이 아니라, 재치 있는 상상력과 다양한 인간사의 이야기들로 가득 찬 신나고 흥미로운 일이라는 것을 보여주고 싶었다.

뉴턴은 여러 번 논쟁에 휩싸이곤 했는데, 그중 상당수는 뉴턴이나 상대방이 서로의 도움에 대해 감사의 뜻을 충분히 표현하지 않아서 일어났다. 그 교훈을 되새기며 이 책이 나오기까지 도움을 준 여러 사람들에게 감사의 뜻을 전한다. 특히 멀리 런던에 있던 사람에게까지 전화를 걸어 글을 쓸 수 있는 기회를 마련해 주신 장대익 님, 원고를 읽고 좋은 지적을 해 준 김봉국 님과 정세권 님, 정동욱 님, 도움을 주신 유진희 님, 정원 님, 안쓰러워하며 챙겨주신 부모님, 늑장 부리는 사람 재촉해가며 속도를 내게 해주었던 이현옥 님에게 고맙다는 말을 전하고 싶다.

「지식인마을」시리즈는…

「지식인마을」은 인문·사회·과학 분야에서 뛰어난 업적을 남긴 동
서양 대표 지식인 100인의 사상을 독창적으로 엮은 통합적 지식교양
서이다. 100명의 지식인이 한 마을에 살고 있다는 가정하에 동서고
금을 가로지르는 지식인들의 대립·계승·영향 관계를 일목요연하게
볼 수 있도록 구성했으며, 분야별·시대별로 4개의 거리(street)를 구
성하여 해당 분야에 대한 지식의 지평을 넓히는 데 도움이 되도록
했다.

「지식인마을」의 거리

플라톤가　플라톤, 공자, 뒤르켐, 프로이트같이 모든 지식의 뿌리가
되는 대사상가들의 거리이다.

다윈가　고대 자연철학자들과 근대 생물학자들의 거리로, 모든 과학
사상이 시작된 곳이다.

촘스키가　촘스키, 벤야민, 하이데거, 푸코 등 현대사회를 살아가는
인간에 대한 새로운 시각을 제시한 지식인의 거리이다.

아인슈타인가　아인슈타인, 에디슨, 쿤, 포퍼 등 21세기를 과학의 세
대로 만든 이들의 거리이다.

이 책의 구성은

「지식인마을」 시리즈의 각 권은 인류 지성사를 이끌었던 위대한 질
문을 중심으로 서로 대립하거나 영향을 미친 두 명의 지식인이 주인

공으로 등장한다. 그리고 다음과 같은 구성 아래 그들의 치열한 논쟁을 폭넓고 깊이 있게 다룸으로써 더 많은 지식의 네트워크를 보여주고 있다.

초대 각 권마다 등장하는 두 명의 주인공이 보내는 초대장. 두 지식인의 사상적 배경과 책의 핵심 논제가 제시된다.

만남 독자들을 더욱 깊은 지식의 세계로 이끌고 갈 만남의 장. 두 주인공의 사상과 업적이 어떻게 이루어졌으며, 그들이 진정 하고 싶었던 말은 무엇이었는지 알아본다.

대화 시공을 초월한 지식인들의 가상대화. 사마천과 노자, 장자가 직접 인터뷰를 하고 부르디외와 함께 시위 현장에 나가기도 하면서, 치열한 고민의 과정을 직접 들어본다.

이슈 과거 지식인의 문제의식은 곧 현재의 이슈. 과거의 지식이 현재의 문제를 해결하는 데 어떻게 적용될 수 있는지 살펴본다.

이 시리즈에서 저자들이 펼쳐놓은 지식의 지형도는 대략적일 뿐이다. 「지식인마을」에서 위대한 지식인들을 만나, 그들과 대화하고, 오늘의 이슈에 대해 토론하며 새로운 지식의 지형도를 그려나가기를 바란다.

지식인마을 책임기획 장대익
서울대학교 자유전공학부 교수

Contents 이 책의 내용

Chapter 3 대화

바닷가에서 만난 뉴턴과 데카르트 · 164

Chapter 4 이슈

과학 발견의 우선권 논쟁 · 182

우선권 확보를 위한 노력들

📩 초대
INVITATION

우리가 알고 있는 위대한 과학자들은
현실적인 삶은 외면한 채 학문에만 몰입하던
선비 같은 사람들이었을까?
지금까지 잘 알려져 있지 않았던
과학자들의 일화를 통해
과학과 과학자의 위상에 대해 생각해보자.

René Descartes

발밑 세상사에는
관심 없는 과학자

뉴턴^{Isaac Newton, 1642~1727}은 아주 예쁜 고양이를 한 마리 키웠다. 매일 밤낮을 실험과 연구에 바치느라 딴 일에는 도통 무심했던 그였지만, 고양이에게는 오히려 지극정성이었다. 어느 땐가 이 고양이가 새끼를 몇 마리 낳았다. 뉴턴은 어미 고양이와 작고 귀여운 새끼 고양이들이 함께 돌아다니는 모습을 흐뭇하게 바라보곤 했다. 그러다 문득 '저 예쁜 고양이들이 편하게 드나들 수 있도록 현관문에 고양이용 문을 만들어줘야겠다'는 생각이 머릿속을 스쳤다. 그 길로 뉴턴은 현관문 아래에 몇 개의 고양이 문을 냈다. 덩치 큰 어미 고양이에 맞게 큰 문 하나, 조그만 새끼 고양이들이 다닐 수 있게 작은 문 몇 개.

1933년 알베르트 아인슈타인^{Albert Einstein, 1879~1955}은 나치의 박해를 피해 독일을 떠나 미국으로 망명했다. 낯선 나라에 새롭게 정착해야 하는 그의 처지를 딱하게 여긴 친구들이 얼마간 돈을 모아 보냈다. 얼마 후, 아인슈타인의 부인 엘자는 책을 정리하다가 책 사이에 끼어 있는 거액의 수표를 발견하고선 남편에게 물었다.

"알베르트, 당신이 보던 책에서 이 수표가 나왔어요. 꽤 거금이던데, 이게 무슨 돈인가요?"

아인슈타인 역시 수표를 보고 어리둥절한 표정을 짓다가 갑자기 깨달은 듯 이렇게 말했다.

"아! 그 수표! 지난번에 유럽에서 친구들이 보내준 거였는데, 까맣게 잊고 있었구려."

과학자는 선비이고 성자이다. 때문에 먹고사는 것과 같은 일상사에 무심한 경우가 많다. 최초의 자연철학자로 알려진 고대 그리스의 탈레스^{Thales, BC 624?~546}는 밤하늘의 별을 관찰하며 걷다 잘못하여 우물에 빠졌다고 한다. 다행히 지나가던 노파의 도움으로 목숨을 건지게 되었는데, 사고 경위를 들은 노파는 혀를 끌끌 차며 한 마디 던졌다. "제 발밑도 못 보고 살면서 하늘을 보면 뭐 하누."

노파의 핀잔에도 불구하고 이 일화를 들으면서 탈레스를 한심하게 보는 사람은 그렇게 많지 않을 것이다. 오히려 '자연이 꽁꽁 숨겨놓은 비밀을 알아내려면 하찮은 발밑 세상사 정도에는 초연해야지, 그래야 멋있지'라고 생각하는 이들이 더 많을 것이다.

위에서 소개한 뉴턴과 아인슈타인의 일화가 보여주는 과학자들의 모습은 무척 비슷하다. 뉴턴은 어미 고양이 크기의 문 하나만 있어도 충분하다는 사실을 깨닫지 못하는 사람으로, 아인슈타인은 물질적인 삶 따위에는 관심도 없는 사람으로 그려졌다. 한마디로 현실감각이 좀 떨어지는 사람들이라는 말이지만, 그게 무슨 큰 대수이겠는가. 이들은 천재 과학자이고, 천재 과학자들이 현실에 좀 무감각한 것은 연구에만 매진하기 위해 필요한 일인데.

이와 같은 현실감각이 떨어지는 천재 과학자의 이미지는 대개별 문제를 일으키지 않고, 오히려 과학자들에게 신비감을 불어넣어 매력적인 인물로 돋보이게 한다. 그러나 가끔 이런 이미지가 문제를 일으키는 경우가 있다. 갈릴레오^{Galileo Galilei, 1564~1642}에 얽힌 이야기를 들어보자.

실리에 밝은 과학자

코페르니쿠스^{Nicolaus Copernicus, 1473~1543} 우주체계에서 달은 '생뚱맞은' 존재였다. 태양을 포함한 모든 행성들이 지구를 중심으로 회전하고 있다고 믿었던 프톨레마이오스^{Claudios Ptolemaios, 85?~165?} 우주체계에서는 달이 지구 주위를 회전하는 것 또한 무척 자연스러운 현상이었다. 그러나 지구를 포함한 모든 행성들이 태양을 중심으로 회전하고 있다는 코페르니쿠스의 우주체계에서는 유독 지구 주위를 돌고 있는 달은 이상한 존재였다. 도대체 달은 왜 우주의 중심도 아닌 지구 주위를 돌고 있는 것일까? 코페르니쿠스주의에 반대하는 사람들에게 달은 문제 삼기에 안성맞춤이었고, 코페르니쿠스주의자들에게는 숨겨버리고 싶은 존재였다.

1610년, 갈릴레오는 망원경으로 목성을 관측하다가 목성에도 지구의 달처럼 위성이 존재한다는 것을 발견했다. 그것도 네 개나 말이다. 그의 관측이 정확한 것이라면, 목성의 위성은 코페르니쿠스 우주체계에서 달이 지니는 이상함을 평범함으로 바꿔줄 수 있는 명확한 증거였다. '저기 봐라, 지구에만 달이 있는 것이 아니라 목성에도 달이 있지 않은가.' 목성의 위성은 분명 코페르니쿠스 우주체계를 강화시켜주는 증거였다. 갈릴레오는 여기서 더 나아가 자신의 '지적 신분상승'을 위해 목성의 위성을 이용했다.

당시 사회에서 수학자나 자연철학자 모두 천체의 운동과 지구상의 물체의 운동을 다루었지만, 각자에게 주어진 임무는 달랐다. 수학자들이 이 운동이 어떻게, 어떤 모양으로 일어나는가를 묘사해야 했던 데 비해, 자연철학자들은 운동의 원인, 즉 '왜' 운동이 일어나는지를 설명해야 했다. 따라서 원인을 다루는 자연철학자의 연구가 좀 더 근본적인 문제를 다루는 가치 있는 것으로 평가받았고, 수학자는 자연철학자에 비해 학문적으로나 사회적으로 낮은 대우를 받았다. 자연철학자들이 코페르니쿠스의 태양중심설에 보였던 거부감에는 이와 같은 당시 사회의 학문 내 서열 문제가 연관되어 있었다. 코페르니쿠스와 같은 미천한 수학자가 감히 우주의 체계와 같은 '철학적인' 문제를 다룬 것에 대해 고매한 자연철학자들은 자신의 영역을 침범한 것으로 여겼던 것이다.

대학의 수학자였던 갈릴레오에게는 태양중심설을 지지해줄 과학적인 증거와 함께, 당시 학문의 위계를 뛰어 넘을 수 있는 자원이 필요했다. 그러나 대학 내에서 그것을 이루기는 어려웠다. 갈릴레오는 대학 밖에서 그에게 자연철학자의 지위를 줄 수 있는 권력을 찾아야 했는데, 그런 그의 시선이 당도한 곳이 절대군주의 궁정이었다. 그는 토스카나 대공 가문인 메디치가^Medici Family를 통해 대학에서 얻을 수 없는 자연철학자의 지위를 구하려고 했다.

1610년 갈릴레오가 발견한 목성의 위성은 그를 메디치 가문으로 옮겨다 주기에 알맞은 소재였다. 메디치 가문은 원래 금융업에 종사하던 피렌체의 시민 출신이었다. 그런 가문이 대공^grand duke의 작위를 얻어 피렌체를 포함한 토스카나 지방을 지배하게 되자 그에 따른 반발도 적지 않았다. 이에 메디치 가문은 신화화 작업을 통해 메디치 혈통이 주피터로부터 이어진 것이며, 그렇기에 자신들의 지배는 숙명이라고 선전했다. 궁정음악가였던 아버지를 통해 메디치가의 신화화 작업을 익히 알고 있던 갈릴레오는 목성^Jupiter이 점성술에서 주피터를 상징하는 것에 착안하여 목성의 위성을 메디치 가문에 연결시켰다. 갈릴레오는 1610년 봄, 목성의 위성 관측 결과를 담은 책 『별의 전령^Sidereus Noncius』을 메디치 대공 코시모 2세에게 헌정했을 뿐 아니라, 목성의 네 개의 위성에 '메디치가의 별'이라는 이름을 붙여 그마저도 메디치가에 바쳤다. 코시모 2세는 그 대가로 갈릴레오를 불러들여 '대공의 수학자 겸 자연철학자'의 자리에 앉혔다.

갈릴레오의 『별의 전령』과 목성의 위성 스케치 | 갈릴레오는 자신이 발견한 목성의 위성에 '메디치가의 별'이라는 이름을 붙여 메디치가에 바침으로써 자연철학자의 지위를 획득했다.

드디어 갈릴레오는 대학의 지적 위계를 뛰어넘어 자유롭게 코페르니쿠스 우주체계를 논할 수 있는 위치에 오르게 된 것이다. 게다가 지위 상승에 대한 덤으로 연봉도 늘어났다.

신분 상승을 위해 권력자에게 아부하는 갈릴레오의 행동이 지나치게 현실적이고 치사한 것일까? 앞서 본 뉴턴이나 아인슈타인, 탈레스에 비하면 계산이 빠른 행동이었음에는 틀림없다. 하지만 이렇게 생각해 보면 어떨까? 갈릴레오는 코페르니쿠스 우주체계에 대한 믿음을 지켜내고 옹호하기 위해 신분 상승을 꾀했다고 말이다. 그렇게 본다면 그의 영리한 현실감각에 대해 조금 더 후하게 평가할 수도 있지 않을까?

'현실감각이 떨어지는 성자'로서 과학자의 이미지는 지나치게 과학자들을 이상화시키는 경향이 있다. 이로 인해 종종 과학자들의 행동에 대해서는 다른 사람들보다 좀 더 엄격한 도덕적 잣대를 들이대어 판단하곤 한다. 앞서 본 갈릴레오 사례의 주인공이 과학자가 아니라 예술가였다면 어떻게 받아들여졌을까? 예를 들어 미켈란젤로나 레오나르도 다빈치 같은 예술가가 자신의 작품을 메디치 가문에 바치고 그 대가로 상당한 금전적 보상과 안락한 삶, 그리고 사회적인 명성까지 얻었다면 그것을 비굴하다거나 계산적이라고 비난했을까?

근대 과학혁명 이후 과학 활동은 두 차원의 사회 속에서 이루어졌다. 한 차원은 과학자 사회로, 1660년대 영국의 왕립학회 Royal Society 나 프랑스의 과학아카데미 Académie Royale des Sciences 같이 과학 전문 단체가 설립되면서 과학자들에게는 동료 과학자들에게 자신의 연구를 평가받는 것이 중요해졌다. 또 다른 사회는 이보다 더 큰 차원으로 우리가 사는 사회이다. 더 큰 사회에서 과학자들은 과학이 어떤 면에서 도움이 되고 어떤 의미를 지니고 있는가 등을 규정하며, 전문직업으로서 과학에 의미를 부여한다. 과학 활동은 이 두 차원의 사회 속에서 이루어지면서 각각 연구에 필요한 인적, 지적, 제도적, 물질적 자원들을 끌어다 쓴다. 이런 점에서 성공적인 과학자 혹은 훌륭한 과학자란 자연의 숨겨진 진리를 밝혀내는 사람이기도 하지만, 동시에 두 차원의 사회에서 필요한 자원들을 효과적으로 끌어내어 잘 결합시켜 새로운 진리를 밝히는 과정에 효율적으로 사용하는 사람들이기도 하다. 이렇게 두 사회의 자원을 효과적으로 끌어들일 수 있는 능력이 과학자의 기본 조건이라는 점에서 과학자는 현실에 무감각해서는 안 된다. 오히려 훌륭한 과학자라 칭송받는 사람들 가운데는 그 사회의 보통 사람들보다 사회적, 정치적 현실에 더 민감한 사람들이 많다.

어미 고양이, 새끼 고양이에게 따로 문을 만들어 준 뉴턴은 어땠을까? 노년에 누군가가 "선생님은 어떻게 그리 훌륭한 일들을 하셨습니까?"라고 묻자 뉴턴은 "거인의 어깨에 올라가 있었기에 가능했지요"라며 아주 겸손하게 말했다고 한다. 그러나 뉴턴이 거인의 어깨에 올라서서 다시 자신을 거인으로 만들었던 과정은 뉴턴이 얼마나 예리한 현실감각을 지닌 인물이었는지, 그가 얼마나 효과적으로 인적 네트워크를 만들고 그것을 사회적으로 활용했는지를 보여준다. 이 책에서 그려내려는 뉴턴의 모습은 바로 이렇게 현실에 굳건히 발을 딛고 있었던, 세상사에 관심이 아주 많았던 뉴턴의 모습이다.

이 책에서는 이렇게 현실적이었던 측면에 주목하여 뉴턴이 거인의 어깨에 올라서기까지의 모습을 다루려고 한다. 뉴턴이 밟고 올라선 거인으로는 코페르니쿠스, 갈릴레오, 케플러 등 그를 앞서 간 다수의 굵직한 과학자들을 거론할 수 있지만, 그들 중에서도 뉴턴에게 가장 중요했던 거인은 데카르트^{René Descartes, 1596~1650}라고 할 수 있다. 오늘날 데카르트는 합리론을 대표하는 철학자의 모습으로만 알려져 있지만, 자연철학자로서의 업적도 그에 못지않다. 그는 기상학, 광학, 역학, 천문학 등에서 철학에 버금갈 만한 뛰어난 연구들을 남겨 과학 발전에 지대한 영향을 미친, 17세기 자연철학의 위대한 거인이었다.

데카르트와 뉴턴은 선생과 제자의 연을 직접적으로 맺은 적은 없지만 청출어람^{靑出於藍}이라는 고사성어가 딱 어울리는 커플이다. 데카르트는 뉴턴 학문의 출발점이었고, 뉴턴이 역학, 수학, 광학 등의 분야에서 이룬 업적은 데카르트가 역학, 수학, 광학에

서 했던 연구를 뛰어넘는 일이었기에 뉴턴의 연구 과정을 짚어
보기 위해서는 데카르트의 자연철학 연구를 언급하지 않을 수
없다. 따라서 이 책에서는 우주, 빛, 인체에 대해 데카르트가 얼
마나 재미있는 생각들을 가졌었는지 자세히 살펴본 후 뉴턴이
데카르트의 이론을 출발점으로 삼아 거기에 안주하지 않고 자신
의 새로운 체계를 만들어간 과정을 짚어볼 것이다. 그리고 마지
막으로 거인의 어깨에 올라간 뉴턴이 자신을 새로운 거인으로
만들어 가는 과정을 다룰 것이다.

　20세기 초 양자역학이 등장했지만, 여전히 우리는 뉴턴주의
세계 속에 살고 있다. 다시 말하자면 우리 주변에서 일어나는 물
리현상들은 대부분 뉴턴이 만든 고전역학으로 이해할 수 있다.
300년이 지나서도 뉴턴의 과학이 영향을 미칠 수 있는 이유는
무엇일까? 말할 것도 없이 뉴턴의 과학이 그만큼 정확하고 뛰어
났기 때문이다. 그러나 그것만으로 충분할까? 고전역학의 기본
틀은 뉴턴이 만들어낸 것이지만, 오늘날 우리가 배우는 고전역
학은 뉴턴 이후로도 300년 동안 수많은 과학자의 연구에 의해
더해지고, 빠지고, 다져지는 과정을 거쳐 완성되었다. 그들을 뉴
턴주의 과학으로 끌어들여 에너지와 열정을 쏟아 붓게 만들었던
동인은 무엇일까? 학문적인 정교함과 위대함 외에 뉴턴과 뉴턴
과학의 권위와 이미지 또한 일정부분 여기에 기여했으리라는 것
이 나의 생각이다.
　이런 의미에서 뉴턴의 과학적 성과에만 초점을 맞추기보다 뉴
턴이 자신과 뉴턴 과학의 권위를 사회적으로 확립해 가는 모습

을 살펴보는 것도 분명 의미 있는 일일 것이다. 이를 위해 많이 알려져 있지 않았던 뉴턴의 정치적인 모습을 상대적으로 부각시키면서, 도덕적인 뉴턴보다는 현실감각 뛰어난 뉴턴을 만나게 될 것이다. 지나치게 정략적으로까지 보이는 뉴턴의 모습을 보고 실망하거나 비난하지 않기를 바란다. 내가 보여주고 싶은 것은 비열하고 계산 빠른 뉴턴의 모습이 아니다. 오히려 나는 그런 뉴턴의 모습이 연구에만 몰두해 세상사를 잊고 살아가는 뉴턴보다 훨씬 현실적이며 인간적이라는 점, 과학 활동이란 세상사에 초연한 과학자들에 의해 이루어지는 것이 아니라 사회의 일부로서 살아가는 이들에 의해 이루어지는 활동이라는 점, 그리고 과학이란 학문도 학문적 인정과 함께 사회적인 인정을 필요로 한다는 점 등을 이야기하고 싶다.

이제 데카르트와 뉴턴으로 넘어가기 전에 데카르트에 대한 연민과 뉴턴에 대한 애정을 간직했던 한 사람을 먼저 만나보자.

뉴턴으로 '이성의 빛'을 밝히자

1726년 5월, 프랑수아 마리 아루에François-Marie Arouet, 1694~1778는 도버 해협을 건너 영국에 막 도착했다. 30대 초반의 이 프랑스인은 얼마 전 자신의 필명을 놀리는 것에 분개하여 프랑스 귀족과 말다툼을 벌였다. 하지만 상대를 잘못 골랐다. 아무리 화가 났어도 세도가인 로앙가Rohan 사람을 건드리는 것이 아니었는데……. 아루에는 그 집안에서 몰려 온 귀족들과 하인들에게 흠씬 두들겨 맞았고, 이에 분개하여 귀족에게 결투를 신청했다가 바스티유 감옥으로 끌려갔다. 결국 영국 망명을 조건으로 풀려날 수 있었고, 곧장 칼레로 이송되어 영국행 배에 몸을 실었다.

런던으로 가는 길에 아무리 생각해봐도 억울함이 풀리지 않았다. 제아무리 귀족이라지만 다른 사람을 놀렸다면 잘못한 것 아닌가. 그리고 아무리 권세 있는 가문이라지만, 정당하게 일대일로 싸웠으면 그만이지 집안사람들이 다 몰려드는 건 또 뭐란 말인가. 무엇보다 심혈을 기울여 지은 근사한 필명을 놀리다니. '볼테르' 얼마나 멋진 이름인가!

18세기 프랑스의 유명한 계몽주의철학자 볼테르의 영국 망명 생활은 이렇게 시작되었다. 1726년 런던에 정착한 볼테르는 그곳에 머물면서 영어를 완벽하게 배우고 프랑스와는 다른 영국의 문물들을 구경하며 망명자의 설움을 달랬다.

볼테르에게 영국은 여러모로 신기한 곳이었다. 끊임없는 종교 분쟁으로 몸살을 앓고 있는 고국 프랑스에 비해 영국에는 영국 국교회 이외에도 퀘이커, 장로파, 아리우스파 등 서른 개나 되는 종교가 행복하게 공존하고 있었다. 말로만 듣던 종교적 관용이 실현되고 있던 것이다. 정치제도에 있어서도 왕, 성직자, 귀족 등 특권층이 지배하는 프랑스와는 달리 의회의 나라 영국에서는 다양한 신분의 사람들이 모여 각 신분의 입장을 대변했다. 왕이 의회의 견제 하에 있는 입헌군주제 국가 영국에서는 프랑스와 달리 권력이 왕 한 사람에게 집중되어서 생기는 폐해들이 나타나지 않아 보였다.

망명 이듬해인 1727년 3월, 볼테르는 온 유럽에 명성을 날렸던 뉴턴의 사망 소식을 접했다. 곧이어 저명인사들에게만 허용되는 웨스트민스터 사원의 예루살렘실에 뉴턴의 시신이 안장될 것이라는 소문도 들렸다. 예루살렘실은 대귀족에게도 쉽게 허용되지 않는 곳이었다.

3월 28일. 마침내 뉴턴의 장례식이 성대하게 거행되었다. 런던 시민들 틈에서 볼테르도 뉴턴의 장례식을 구경했다. 뉴턴의 관은 그가 오랫동안 회장을 맡았던 왕립학회 회원들의 손에 들려 사원 안으로 운구 되었는데, 이 회원들의 신분이 만만치 않았다. 대법관, 몬트로즈 공작, 록스버그 공, 펨브로크 백작, 서식스 백작, 메이클즈필드 백작 등이 뉴턴의 관을 운반했다. 볼테르는 뉴턴의 관이 귀족들의 손에 운구되는 것을 보고 놀랍고 의아했다. 자신은 겨우 귀족에게 결투를 신청했다는 이유만으로 쫓겨났는데, 도대체 이 나라의 무엇이 귀족들로 하여금 일개 학자의 관을 들고 가게 만드는 것일까? 뉴턴이 아무리 훌륭하다지만 대귀족들에게도 잘 내주지 않는 웨스트민스터 사원의 좋은 자리를 내주다니, 프랑스에서는 상상도 할 수 없는 일이었다. 볼테르가 보기에 확실히 영국에는 무엇인가 다른 것이 있었다.

1733년에 펴낸 볼테르의 『철학편지 Lettres Philosophiques sur les Anglais 』, 영어판으로는 『영국서한 Philosophical letters in the English 』으로 알려진 이 책은 바로 그 '무엇' 찾기라고 할 수 있다. 볼테르에게 영국의 종교적 관용, 자유로운 의회정치, 과학과 과학자를 우대하는 분위기는 서로 연결되어 있는 것처럼 보였다. 특히 그에게 인상적인 것은 뉴턴이었다. 볼테르는 뉴턴을 역사상 가장 위대한 인물로 칭송하기까지 했다.

웨스트민스터 사원 안에 있는
뉴턴의 무덤

얼마 전에 한 대단한 모임에서 구태의연하고 어리석은 질문들
에 대해 사람들이 토론을 했다. 누가 가장 위대한 사람일까?
카이사르? 알렉산드로스? 티무르? 크롬웰?

그중에 누군가가 의심할 여지없이 그건 아이작 뉴턴이라고 이
야기했다. 그 사람 말이 옳다. 왜냐하면 진정한 위대함은 하늘
로부터 위대한 천재성을 부여받아서 그것으로 자기 자신과 남
들을 계몽시키는 것이기 때문이다. 뉴턴은 진정 위대한 사람
이다. 지난 1천 년간 그 비슷해 보이는 사람도 나타난 적이 없
을 정도다. 그에 비해 다른 정치가들이나 정복자들은 어느 시
대에도 부족하지 않았던 사람들로 '유명한 범죄자' 그 이상은
아니다.

볼테르, 『철학편지』

이렇게 뉴턴에 매혹되어 있던 볼테르에게 떠오르는 한명의 인물이 있었다. 뉴턴보다 한 세대 전에 이미 '하늘로부터 받은 천재성'으로 과학과 철학에서 위대한 업적을 남겼던 데카르트였다.

그러나 프랑스와 영국이 다른 만큼이나 데카르트와 뉴턴도 무척 달랐다. 데카르트는 용병 생활을 하기도 했고, 정식 결혼을 하지는 않았지만 한 여인을 사랑했고 그 사이에서 프란신Francine이라는 딸도 얻었다. 또한 딸의 죽음으로 깊은 슬픔에 빠지기도 하는 등 인간이 살아가면서 겪는 희로애락을 모두 경험했다. 그에 비해 뉴턴은 평생을 독신으로 살면서 조용한 삶을 살았다. 또한 데카르트는 볼테르처럼 고국에서 환영받지 못한 반면, 뉴턴은 고국에서 극진한 대접을 받았다. 뉴턴에 대한 영국인들의 애정이 얼마나 지극했던지, 퐁트넬Bernard le Bovier de Fontenelle, 1657~1757이 파리 과학아카데미에서 읽은 뉴턴의 추도사에서 뉴턴과 데카르트를 비교했다는 사실만으로도 영국 왕립학회 회원들이 분개할 정도였다.

자연에 대한 견해에서도 두 사람은 너무 달랐다. 데카르트의 세계는 물질의 소용돌이로 가득 찼지만 뉴턴의 세계는 입자들이 드문드문 움직이는 빈 공간이었다. 데카르트의 지구는 길쭉한 멜론처럼 생겼는데, 뉴턴의 지구는 럭비공이 누워 있는 것처럼 생겼다. 데카르트는 밀물과 썰물이 달이 누르는 압력 때문에 생기는 거라고 말하는 데 반해, 뉴턴은 달이 바다를 끌어당겨서 조수가 생긴다고 주장했다. 데카르트가 말하는 충돌과 뉴턴이 말하는 중력이라는 것이 모두 이해하기 힘들다는 점만 뺀다면 두 사람이 그려낸 세계의 공통점을 찾기는 쉽지 않았다.

볼테르에게 데카르트와 뉴턴의 차이는 전제적인 프랑스와 자유로운 영국의 차이를 나타내는 것으로 여겨졌다. 뉴턴이 '이성의 빛'을 밝혀 만들어낸 '뉴턴 과학'으로 프랑스인의 이성의 빛을 밝힐 수는 없을까? 프랑스인들의 이성의 빛을 제대로 밝혀 그들을 계몽할 수만 있다면, 프랑스 사회의 가장 시급한 폐단인 정치와 종교의 억압을 없애고 사회를 개혁할 수 있지 않을까?

이후 볼테르는 본격적으로 뉴턴 과학을 프랑스에 소개했다. 그는 『뉴턴 철학의 요소들 Eléments de la philosophie de Newton』을 집필해 뉴턴 과학을 설명하고, 이것으로 데카르트의 체계를 대체하려 했다. 그런데 막상 뉴턴의 『프린키피아 Principia』를 접하고는 어려움에 말문이 막혔다. 앞의 몇 쪽은 쉽게 읽어 내려갔지만 조금 더 읽어가자 온갖 도형들이 나오면서 기하학 증명 일색이었다. 이러한 볼테르를 구원해준 것은 그의 애인 샤틀레 후작부인 Émilie du Châtelet, 1706~1749이었다.

웬만한 수학자 이상의 실력을 갖추고 있었던 샤틀레 후작부인은 어렵기로 소문난 뉴턴의 책을 이해하고 프랑스어로 충실히 번역했다. 샤틀레 후작부인의 번역이 얼마나 뛰어났던지 그 책을 본 사람들 중 일부는 여성이 그 일을 해냈다는 것을 믿으려 들지 않았다고 한다. 애인인 볼테르가 대부분 번역을 하고 샤틀레 후작부인은 거드는 정도만 했다는 소문이 퍼지기도 했고, 간혹 부인의 개인 가정교사가 번역했다는 말도 오갔다. 지금까지도 샤틀레 부인의 번역은 『프린키피아』 불역본 중 가장 표준적인 텍스트로 남아 있을 정도다.

볼테르의 노력으로 프랑스에서도 데카르트주의의 자리를 뉴

볼테르와 샤틀레 부인 | 볼테르는 『뉴턴 철학의 요소들』 등 뉴턴의 과학을 프랑스에 소개하며 이것으로 데카르트의 체계를 대체하려 했고, 샤틀레 후작부인은 뛰어난 수학 실력으로 『프린키피아』를 번역했다.

턴주의가 대신하게 되었다. 뉴턴주의는 이성과 합리성의 상징이 되었고, 뉴턴은 과학을 넘어 철학, 도덕, 종교 등 여기저기서 끌어다 쓰는 인기 있는 이름이 되었다.

볼테르에게 데카르트는 극복해야 할 '가설'이었고, 뉴턴은 수용해야 할 '진리'였지만, 사실 뉴턴의 연구 대부분이 데카르트에서 시작되었다는 점을 생각해보면 볼테르의 평가는 다소 편향된 면이 없지 않다. 사실 뉴턴만큼이나 데카르트도 알고 보면 꽤 근사한 사람이다. 이제, 본격적으로 데카르트와 뉴턴을 한번 만나보자.

Isaac Newton

Chapter 2

만남
M E E T I N G

뉴턴이 죽은 지 300년이 지났지만
우리는 아직도 고전역학의 시각으로 세상을 바라보고 있다.
근대사회를 열어젖힌 과학자 뉴턴,
그는 자신의 학문적 업적이
거인의 어깨에 올라섰기 때문에 가능하다고 말했다.
뉴턴과 뉴턴이 올라섰던 거인, 데카르트,
이 두 거인의 학문과 삶을 만나보자.

René Descartes

근대를 만들어낸 두 거인

과학혁명에
박차를 가한
데카르트

시대가 위인을 만드는 것일까, 위인이 시대를 만드는 것일까? 역사상 아주 짧은 시기에 '영웅'들이 집중적으로 몰려 있는 것을 보고 있노라면, 마치 닭이 먼저인가 달걀이 먼저인가를 묻는 것처럼, 변화를 요구했던 시대가 중요했던 것일까 변화를 만들어 낸 영웅이 중요했던 것일까 궁금해지곤 한다. 코페르니쿠스, 티코 브라헤, 프랜시스 베이컨, 요하네스 케플러, 갈릴레오 갈릴레이, 로버트 보일, 크리스티안 호이겐스, 로버트 훅, 윌리엄 하비, 피에르 가상디, 마랭 메르센…… 17세기 과학혁명 시대는 이런 궁금증을 유발하기에 충분할 만큼 수많은 위인들을 확보한, 활기찬 시대였다.

데카르트는 1596년 프랑스의 투렌라에La Haye en Touratne 지방에서 태어났다. 태어난 지 얼마 안 되어 어머니를 잃고 아버지와도 평

생 그리 좋은 사이를 유지하지 못했
던 데카르트에게 위안이 되어주었
던 사람은 외할머니였다. 데카르트
는 어린 시절 외할머니의 집에서 따
뜻한 보살핌을 받으며 자랐다.

1606년 10살의 데카르트는 라 플
레슈^{La Fléche}의 예수회 대학에 입학
했다. 이 대학은 예수회가 풍기는
근엄하면서도 보수적인 이미지와는

르네 데카르트, 과학혁명을 가장 활기
차게 만든 사람 중 한 명

달리 시대를 앞서 간 진보적인 학교였다. 학생 체벌을 최대한 금
지했으며 적당한 게임이나 사냥, 무용 등 학생들의 정신 수양에
도움이 되는 활동들을 장려했다. 아마도 유년기를 보낸 라 플레
슈의 자유로운 분위기가 후일 데카르트의 얽매이지 않은 자유로
운 사고에 영향을 주었던 것 같다.

1616년 푸아티에에서 법학을 공부한 후 데카르트의 삶은 유럽
전역을 무대로 펼쳐졌다. 20대 초반에는 주로 용병 생활을 하며
서유럽과 북유럽 이곳저곳을 돌아다녔다. 1618년에는 네덜란드
의 오라녜^{Oranje} 공 마우리츠^{Mauritz, 1567~1625}의 군대에 몸을 담았는
데, 전쟁이 없던 덕분에 여기에 15개월 동안 머무르며 수학과 군
사, 건축학을 배울 수 있었다. 데카르트에게 기계적 철학의 아이
디어를 심어준 아이작 베이크만^{Isaac Beeckman, 1588~1637}을 만난 것도
이 무렵이었다. 네덜란드를 떠나 1620년에는 바이에른 대공 막
시밀리안 1세^{Maximilian I von Bayern, 1573~1651}의 로마 가톨릭 군대에 들
어갔다. 20대 초반, 지적인 자극에 가장 민감한 몇 해 동안 유럽

곳곳을 돌아다니며 새로운 세계, 새로운 사람들을 만났던 것은 데카르트의 삶에 중요한 전환점이 되었던 것으로 보인다. 대략 1619년 무렵, 그는 새로운 철학체계로 아리스토텔레스의 목적론적 세계관을 대체해야겠다는 야심찬 계획을 품게 되었다.

1622년 프랑스로 돌아 온 20대 후반의 데카르트는 파리에서 메르센$^{Marin\ Marsenne,\ 1588\sim1648\ *}$ 신부를 소개받았다. '근대사회의 월드 와이드 웹'이라 불릴 만했던 메르센은 부지런한 편지쓰기로 유럽 지식인들의 소식통 역할을 했던 것으로 유명하다. 이탈리아의 갈릴레오가 태양흑점 관측 소식을 메르센에게 알리면, 메르센은 그 소식을 독일의 케플러 같은 사람에게 편지로 자세히 알려준다. 갈릴레오의 관측에 의문이 생기면 케플러는 갈릴레오에게 직접 편지를 보낼 수도 있지만 대부분의 경우 메르센을 통해 갈릴레오에게 질문을 던진다. 그러면 메르센은 또 그 소식을 다른 사람들에게 편지로 알려준다. 한 마디로 메르센 한 명이 연구 성과의 발표, 그것에 대한 토론장, 소식지 등 현대 과학 학술지가 하는 역할을 전담했던 셈이다. 메르센을 알게 된 것은 데카르트에게 행운이었다. 부지런한 수다쟁이 신부님을 통해 그의 이름이 유럽 지식인 사회에 알려지면서 데카르트는 책을 출판하기도 전에 벌써 유명인사가 되어 있었다.

1628년 말, 몇 년간 머물던 프랑스를 떠나 그는 네덜란드로 이주했다. 거주지를 철저히 비밀에 붙인

:: 메르센

페르마, 가상디, 데카르트 등의 지식인들과 교류가 넓었던 프랑스의 과학자이자 신학자, 폭 넓은 인맥으로 학자들 간의 의견교류의 중심적인 역할을 하며 과학의 진보에 중요한 역할을 했다. 이후에는 수학에서 소수와 완전수 등을 연구하기도 했다.

채 20년간 네덜란드에 머물렀고, 그 긴 시간 동안 프랑스는 서너 차례밖에 방문하지 않았다고 한다. 1649년에는 스웨덴에서 크리스티나^{Alexandra Christina, 재위 1632~1654} 여왕에게 철학을 가르쳤다. 이제 막 23세가 된 이 젊은 여왕은 작은 키에 곰보 자국이 가득한 얼굴로 외모는 그리 매력적이지 않았지만, 지적인 열정이 외모를 능가하는 사람이었다. 부지런했던 여왕은 데카르트에게 새벽 5시에 철학 강의를 해달라고 부탁했다. 아침 일찍 일어나는 일이 고역스러웠지만 여왕의 부탁을 거절하기는 힘들었다. 1650년, 사람들의 생각마저 얼어붙게 만드는 새벽의 끔찍한 추위 속에 데카르트는 학술원 설립 법안을 여왕에게 제출하러 갔다가 감기에 걸렸고, 감기는 곧 폐렴으로 악화되어 결국 스웨덴에서 눈을 감았다. 1667년, 데카르트의 유해는 고국 프랑스로 옮겨져서 파리 주느비에브뒤몽 성당에 안치되었지만, 바로 그해 그의 저서들은 로마 교황청의 금서 목록에 오르게 되었다. 이래저래 그는 고국 프랑스와는 궁합이 맞지 않았던 사람이었다.

진리를 친구로 삼은 뉴턴

1642년 새해 벽두, 유럽은 갈릴레오를 잃었다. 그해가 마감되기 직전, 갈릴레오를 데려간 것에 대해 보상이라도 하듯이 하늘은 그에 버금가는, 어쩌면 그를 능가하는 사람을 한명 보내줬다. 1642년 크리스마스, 아이작 뉴턴^{Isaac Newton, 1642~1727}이 태어났다.

뉴턴은 영국 링컨셔의 울즈소프^{Woolsthorpe}에서 그리 넉넉하지 못했던 소지주 집안의 유복자로 태어났다. 아버지 없이 태어난 뉴턴은 너무나 허약해서 주변 사람들은 그가 곧 아버지를 따르는 것이 아닌가 걱정할 정도였다고 한다. 어머니 한나 애스코우마저 그가 두 살이 되던 무렵 부유한 목사에게 재가하여 어린 뉴턴은 외조부모의 손에 맡겨졌다. 외할아버지와 외할머니는 좋은 사람이었지만 부모 없는 그의 외로운 마음을 채워줄 만큼 따뜻한 사람들은 아니었다. 역사가들은 뉴턴의 예민하고 상처받기 쉬운 성격이 어린 시절의 모성결핍 때문이 아닌가 짐작하기도 하는데, 실제로 그는 자신의 연구에 대한 비판에 격렬히 분노했고, 1690년대에는 정신 질환을 앓기도 했다.

⚙️ 뉴턴은 갈릴레오의 환생?

갈릴레오가 죽은 해에 뉴턴이 태어난 기막힌 인연을 두고 호사가들은 환생이니 운명적이니 같은 말들을 만들어냈지만, 사실 엄밀하게 따지면 갈릴레오의 1642년과 뉴턴의 1642년은 동일한 해가 아니다. 로마시대 카이사르가 만들어서 1,500년 넘게 사용해 왔던 율리우스력 (로마 집정관 율리우스 카이사르가 기원전 46년에 이집트 천문학자 소시게네스의 의견에 따라 기존의 로마력을 개정한 태양력의 하나. 16세기 말까지 널리 쓰이다가 1582년 그레고리우스력으로 바뀌었다) 이 실제 자연의 흐름과 잘 맞지 않게 되자 교황 그레고리우스 13세는 달력 개정을 선포하고 자연의 흐름에 맞도록 달력에서 열흘을 없애기로 했다. 이로 인해 1582년 10월 4일 다음날은 10월 5일이 아니라 10월 15일이 되었다. 대부분의 유럽 가톨릭 국가들은 그레고리우스력(율리우스력의 오차를 수정해서 1582년 교황 그레고리우스 13세가 선포한 태양력)을 채택했고 갈릴레오의 이탈리아도 1582년에 새로운 날짜를 받아들였지만, 영국은 1700년에 가서야 그레고리우스력을 받아들이게 된다. 따라서 그레고리우스력으로 따지면 뉴턴은 1642년 12월이 아니라 1643년 1월에 태어난 셈이다. 하지만 그렇다고 해서 실망할 필요는 없다. 사실 갈릴레오와 뉴턴은 굳이 '1642년' 이라는 우연에 기대어 인연을 엮어 낼 필요가 없을 정도로 많은 부분에서 '지적인 인연들'로 엮여있기 때문이다.

뉴턴이 열한 살이 되던 해에 어머니는 두 번째 남편을 잃고 다시 울즈소프로 돌아왔지만, 9년 만에 만난 아들과 어머니의 사이는 서먹할 수밖에 없었다. 게다가 어머니에게는 돌봐야 할 아이들이 셋이나 더 있었다. 두 번째 남편이 남긴 재산을 관리하는 일도 만만치 않아서 오랜만에 만난 아들을 푸근하게 안아줄 여유가 없었다. 거리상으로 보면 어머니는 뉴턴 곁으로 돌아왔지만, 심리적으로는 여전히 멀리 있었던 것이다. 어쩌면 가까이 있으면서도 심리적인 의지처가 되어주지 못했기 때문에 뉴턴이 받은 상처는 더 클 수밖에 없었을 것이다.

1659년 뉴턴이 그랜섬의 문법학교에서 고향으로 잠깐 돌아왔을 때 아들의 천재성을 알아보지 못했던 어머니는 뉴턴을 학교에 보내지 않고 대신 농장 관리를 맡기려고 했다. 하지만 농장 관리에 흥미를 느끼지 못한 뉴턴은 사고를 치기 일쑤였고, 결국 다시 학교로 돌아가 학업을 이어나가게 된다.

사교적인 성격이 아니었던 탓에 교우 관계가 원만하지는 못했지만 뚝딱뚝딱 기계를 잘 만들어냈던 어린 뉴턴은 이웃마을의 풍차를 본떠 작은 풍차 모형을 만들거나 연에 횃불을 달아 날려서 아이들의 관심을 끌기도 했다. 하지만, 지나치게 똑똑하고 승부욕이 강하며 동시에 과묵했던 아이는 또래 아이들에게 부담스러운 존재였다. 또래 사이에 끼려는 노력이 별 효과를 내지 못하게 되면서 어느 때부터인가 뉴턴은 친구를 사귀는 일에 별로 신경을 쓰지 않게 되었다. 하지만 이 시절은 평생을 독신으로 산 뉴턴의 유일한 연애담이 있었던 시기였다. 하숙을 하던 약제사 윌리엄 클라크William Clarke의 의붓딸과 약혼까지 했으나, 뉴턴이

케임브리지의 트리니티 대학 내에 있는 뉴턴의 동상

케임브리지의 트리니티 대학에 진학을 하면서 둘은 서로 멀어지게 되었다.

케임브리지에서도 뉴턴의 사교적이지 못한 성격은 변한 게 없었다. 어머니가 공부를 중단시키려고 했던 탓에 다른 학생들에 비해 한두 살 나이도 많았던 데다 아들의 공부를 못마땅하게 여겼던 어머니는 두 번째 남편이 남긴 유산으로 부족하지 않은 생활을 하면서도 아들의 학비에는 인색했다. 때문에 뉴턴은 서브사이저subsizar라는 일종의 근로장학생으로 대학의 연구원이나 돈 많은 자비생들의 방을 청소하고 식사를 준비해주는 일을 하면서 생활해야 했다. 처음 몇 해 서브사이저로 학교를 다니면서 친구들과의 관계는 더욱 소원해졌지만 뉴턴에게는 그것이 별로 문제가 되지 않았다. 오히려 학문에 대한 열정만으로 가득한 그에게 다른 일은 신경 쓸 겨를조차 없었다. 말하자면 케임브리지에서 뉴턴의 생활은 전형적인 천재의 생활이었다.

그는 한 가지 문제에 몰두하면 다른 것에는 거의 신경을 쓰지 않았다. 케임브리지에서 몇 년간 함께 방을 쓴 위킨스에 따르면, 그는 한 문제에 집중하면 잠을 자는 것도, 먹는 것도, 심지어는

왼쪽 그림은 낭만주의자 윌리엄 블레이크가 그린 「뉴턴」. 이 그림에서 블레이크는 합리주의자 뉴턴을 불편한 모습으로 그려냈다. 오른쪽 그림은 윌리엄 스터클리의 「뉴턴」. 원 안이 뉴턴이다.

자신이 밤을 새웠다는 사실조차 잊은 채 그 문제에 빠져들었다고 한다.

오로지 학문에 대한 열정으로 가득했던 그의 대학 생활이 끝날 즈음, 런던에는 대재앙이 불어닥쳤다. 1665년 페스트는 5만 명 가까운 런던 시민들의 목숨을 앗아갔고, 그 무참한 기억들이 채 잊혀지기도 전인 1666년 9월 2일 대화재가 발생했다. 이 대화재는 5일 동안 계속되면서 런던 경제의 심장부인 시티 the City (런던의 금융 중심지)의 주요 건물들을 태우고 세인트 폴 성당을 포함하여 80개가 넘는 교회를 잿더미로 만들었다. 1666년 전염병과 잿더미 속에서 런던이 절망하지 않고 새로운 도시를 만들어낸 것을 두고, 이듬해 영국의 시인 존 드라이든 John Dryden, 1631~1700 은 '기적의 해 Annus Mirabilis'라고 표현했다.

뉴턴에게도 1665~1666년은 '기적의 해'였다. 1665년, 학위를 받은 그해에 페스트로 학교가 문을 닫자 그는 오랜만에 고향으로 내려갔다. 그곳에서도 그는 케임브리지에서 열중했던 문제에

골몰하며 지냈는데, 바로 이 2년 동안 뉴턴은 그의 삶에서 가장 창조적인 순간들을 경험했다. 그가 평생에 걸쳐 이룩하게 될 미적분학, 역학, 광학의 근간이 되는 아이디어들이 이때 등장했고 유명한 사과 일화가 일어난 곳도 울즈소프의 고향 사과나무 아래였다.

케임브리지로 돌아온 뉴턴은 1669년 아이작 배로^{Isaac Barrow,} _{1630~1677}의 뒤를 이어 루카스 수학 석좌교수에 임명되었고, 1689년에는 케임브리지 대학 대표로 하원에도 나갔다. 1690년대 뉴턴은 잠깐 동안 정신질환을 앓게 되면서 절친한 친구들을 의심

🌀🌀🌀 뉴턴의 종교

영국은 16세기 헨리 8세(Henry VIII, 재위 1509~1547)의 이혼 문제가 계기가 되어 종교개혁을 겪었다. 한때 신앙의 수호자로 교황청의 칭송을 받기도 했던 헨리 8세는 첫부인인 캐서린의 이혼 문제로 교황청과 갈등을 빚다가 결국 영국 교회를 로마 교황청으로부터 분리하는 결정을 내렸다. 이렇게 해서 탄생한 영국국교회는 영국 왕이 교회의 수장으로, 정치와 종교가 결합된 특징을 보였으며, 영국국교회를 믿지 않는 사람은 공직에 취임하는 것을 법으로 금지했다.

뉴턴은 삼위일체의 교리를 거부하고 예수의 신성(神性)을 부정하는 아리우스파를 신봉하는 비국교도였다. 그런데 어떻게 뉴턴이 영국국교회 신학자들을 양성하는 케임브리지의 교수가 될 수 있었을까? 루카스 석좌교수로 임명된 것이 뉴턴에게는 행운이었다. 1663년 이 자리를 만들 수 있도록 케임브리지 대학에 기부를 한 헨리 루카스(Henry Lucas)는 이 교수좌에 앉는 사람은 교회의 일에 적극적으로 관여하지 말아야 한다는 조건을 붙였다. 1669년 루카스 수학 교수에 임명되었을 때 뉴턴도 다른 교수들처럼 영국국교회의 서품식(holy order)을 받을 것을 요구받았다. 그러나 뉴턴은 루카스의 조건을 근거로 삼아서 서품식을 피할 수 있었다고 한다. 이런 행운 외에도 본인이 종교적 신념을 적극적으로는 아닐지라도 가능한 한 숨기려고 했던 것도 종교로 인한 잡음이 생기지 않게 해주었다.

하고 비난하는 시기를 겪었다. 그 이후의 뉴턴은 이전의 뉴턴과 는 많은 면에서 달라졌다. 30년 가까운 세월을 보냈던 케임브리지를 떠나 런던으로 활동 공간을 옮기고, '케임브리지의 은둔자'에서 '런던의 전략가'로 변신을 꾀했던 것이다. 후원자였던 핼리팩스 백작의 도움으로 공직에 진출하여 1696년에는 왕립조폐국에 들어가서 화폐개혁에 힘을 쓰고, 1699년에는 조폐국장 자리에도 올랐다. 1703년에는 영국 왕립학회의 회장직에 선출되고, 1705년에는 앤 여왕에게서 기사 작위를 받아 드디어 뉴턴 경 Sir Isaac Newton 으로 불리게 되었다. 하루를 못 넘길 것으로 보였던 허약한 아기가 80년 넘게 살면서 세상을 바꾸었다. 1727년, 뉴턴은 조용히 눈을 감았다. 그의 장례식은 화려하게 치러졌고, 장례식을 구경하는 인파 중에는 볼테르도 끼어 있었다.

데카르트와 뉴턴이 만들어낸 근대 세계

과학혁명 이전의 자연관은 지금과는 완전히 달랐다. 자석들은 왜 서로 잡아당기거나 밀어낼까? 상처에 약을 바르면 왜 나을까? 이런 질문에 대해 르네상스 자연주의에서는 자연을 살아 있는 신비한 생명체로 파악하여 자석의 N극과 S극이 서로 잡아당기는 이유는 서로가 공감을 하기 때문이고, N극과 N극이 밀치는 이유는 서로 반감을 가지고 있기 때문이라고 설명했다. 식물이 성장하고 동물이 스스로 지각하여 움직이는 모든 운동의 원리를 영혼으로 보았다. 이렇게 자연을 마치 생명과 감정이 있는 인간처럼 여기는 르네상스 자연주의는 신비주의적인 성격을 띠게 되었고 자연에 대한 합리적인 설명을 추구할 동기를 부여하지 못했다.

하지만 근대과학은 자연에서 신비로움을 제거해버렸다. 자연은 객관적 실체로 이루어져 있고 수학적 법칙에 의해 설명될 수 있으며 자연에서 일어나는 모든 운동은 외적인 요인에 의해서 이루어진다는 신념을 가져다주었다. 이런 근대과학의 출발점이 된 것이 바로 데카르트와 뉴턴이다.

데카르트는 '기계적 철학mechanical philosophy'을 제시하여 우리가 세상을 보는 방식을 새롭게 규정했다. 기계적 철학은 자연은 눈에 보이지 않는 미세한 물질로 이루어져 있으며 자연현상이란

이런 물질들의 운동에 의해 일어난다고 전제하고, 각종 자연현상들을 미세한 물질들의 직선운동과 충돌로 설명했다. 앞에서 르네상스 자연주의자들이 자석을 공감·반감을 이용해 설명했던 것에 비해 데카르트의 기계적 철학에서는 입자와 운동이라는 개념을 이용해서 설명했다. 즉 자석에는 눈에 보이지 않는 아주 작은 구멍들이 있고 자석 주변에는 눈에 보이지 않는 작은 나사들이 배열되어 있어서 자석의 구멍을 통해서 작은 나사들이 통과하는데, 나사들의 운동 방향에 따라 자석은 서로 끌리기도 하고 서로 밀어내기도 한다는 것이다. 르네상스 자연주의에서 자석은 외부에서 특별히 힘이 작용하지 않아도 스스로 움직이는 매우

신비로운 존재로 여겨졌지만, 기계적 철학의 눈으로 본 자석은 신비로움을 잃었다. 이렇게 데카르트는 자연을 합리적이고 명쾌하게 이해가 가능한 대상으로 만들었다.

기계적 철학에서는 생명체와 비생명체의 구분조차 불필요했다. 데카르트에게 자연은 단지 기계에 불과했으며, 그 자체의 목적이나 생명은 존재하지 않았다. 그는 이렇게 자연에서 영혼을 제거시켜 중세적 자연관을 밀어내고 기계적 세계관을 정당화했다. 이로써 자연은 기계적 법칙에 따라 움직이며 자연계의 만물은 물체의 위치와 운동으로 설명 가능한 것이 되어버렸다. 이처럼 데카르트는 17세기 과학혁명의 기본 구조를 만들어냈지만 '자연은 정확한 수학적 법칙에 의해 지배되는 완전한 기계'라는 그의 생각은 일생 동안 하나의 가설로 남아있어야 했다.

데카르트의 꿈을 실현시키고 과학혁명을 완성한 사람은 뉴턴이었다. 데카르트의 기계적 철학에서 '운동'이라는 개념을 이어받아 뉴턴도 자연현상의 기본을 운동으로 이해했다. 하지만 운동을 표현하는 방식에서는 데카르트보다 한걸음 더 나아가 입자의 운동에 수학적 성격을 합친 '힘'이라는 개념을 가져와 운동을 정량적으로 분석했다. 다시 말해 '힘'을 운동의 원인으로 설정하여 힘의 수학적인 표현을 찾아내고 거기서부터 가속도, 속도, 물체의 움직이는 궤적 등을 계산하는 역학의 방법을 정식화했다.

뉴턴은 결국 데카르트를 뛰어넘지만 가장 근본적인 부분에서는 데카르트와 공유하는 부분이 많았다. 복잡한 자연을 단순하게 분해해서 이해하는 방식이나, 운동에서 자연현상의 근원을 찾고 그 운동을 수학적인 언어로 풀어내려고 했던 점 등은 두 사람 모두에게서 발견되는 경향이다.

17세기 말에서 18세기까지 '프랑스의 데카르트와 영국의 뉴턴 중 누가 옳았는가' 하는 문제가 양국 과학자들의 관심사로 떠오르면서 두 사람의 공통점보다 차이점이 더 많이 부각되어 왔지만, 사실 두 사람은 차이점보다 공유하는 것이 더 많았던 사람들이다. 어떻게 보면, 두 사람을 그렇게 항목별로 비교할 수 있다는 점 자체가 역설적으로 두 사람이 공통의 관심사를 가지고 있었다는 것을 반증하는 것일 수도 있다.

우리에게 데카르트와 뉴턴의 가장 큰 공통점은 우리가 자연세계를 바라보는 방식을 새롭게 규정했다는 점에 있다. 20세기 초에 양자역학과 상대성이론의 등장으로 위기를 맞는 듯했지만, 여전히 우리의 일상 세계는 데카르트와 뉴턴이 확립해놓은 고전역학의 법칙에 따라 움직이고 있다. 그렇다면, 그들은 우리를 둘러싼 자연세계를 어떻게 이해했을까? 왜 그런 방식으로 이해하게 되었을까? 그들이 만든 세계관은 어떻게 우리에게까지 영향을 미치게 되었을까? 이제 데카르트가 만들어놓은 '이상한 세계'부터 시작하여 데카르트와 뉴턴이 바라본 세계로 들어가보자.

세계를 보는 새로운 방법

데카르트의 기계적 철학

영화 「매트릭스^{Matrix}」(1999)에서 컴퓨터 프로그래
머로 일하며 가끔 해킹도 일삼는 앤더슨은 우연
히 모피어스라는 의문투성이 인물을 만나게 된
다. 그는 앤더슨에게 현재 살고 있는 세계는 실제 세계가 아니라
전기 자극을 뇌에 보내서 인식되는 가상의 세계일 뿐이라며 두
개의 알약을 꺼내 준다. "파란 알약을 먹으면 당신은 이 가상의
세계에 계속 남아서 편안한 삶을 살게 될 것이오. 하지만 빨간
알약을 먹으면 당신은 실제 세계로 돌아가게 될 것이오. 선택은
당신에게 달려 있소." 두 개의 알약을 쳐다보며 열심히 고민하던
앤더슨은 호기심 반, 모험심 반에 결국 빨간 알약을 선택해서 삼
키고 의식을 잃는다.

얼마나 시간이 지났을까? 정신을 차리고 보니 모피어스가 서
있다. "현실 세계에 온 것을 환영하오." 주변을 둘러본 앤더슨은

지금까지와는 전혀 다른 세계에 와 있는 자신을 발견한다. 포대 자루 같은 남루한 옷에, 목 뒤에는 무슨 일인지 둥근 구멍도 몇 개 뚫려 있다. 모피어스도 아까 볼 때는 검정 선글라스에 긴 가죽 코트를 멋들어지게 입고 있더니, 지금은 초라하고 남루한 옷을 걸치고 있다. 현실 세계의 사람들은 앤더슨에게 네오라는 새 이름을 지어주고는 이 세계를 구원할 사람이라고 기대를 건다. 현실 세계를 구하겠다는 생각으로 매트릭스에서 온 로봇과 싸우고 무시무시한 스미스 요원들과 사투를 벌이면서 힘든 시간을 보내던 어느 날, 스미스 요원으로부터 당신이 현실 세계로 믿는 그 혼돈스러운 세계가 사실은 가상현실이라는 말을 듣는다. 자신이 만든 가상 게임에 빠져서 실제와 가상을 구분하지 못하고 있다는 것이다. 갑자기 네오는 모든 것이 혼란스러워졌다. '나는 컴퓨터 프로그래머 앤더슨인가, 세계를 구할 영웅 네오인가? 매트릭스 안의 세계가 현실인가, 내가 있는 지금 이 세계가 현실인가? 어떻게 현실과 가상을 구분해낼 수 있을까? 나의 감각 경험들을 믿을 수 없다면 어떻게 진리와 거짓을 구분해낼 수 있을까?'

16~17세기 사람들은 '네오의 고민'에 빠져 있었다. 중세 동안 알려지지 않았던 고대 그리스·로마의 고전들이 라틴어로 번역되면서 르네상스가 시작되었다. 유럽의 언어로 번역된 고대 그리스와 로마의 책들은 한편으로는 지식의 풍요를 가져왔지만, 다른 한편으로는 지적인 혼란을 유발했다. 고대의 지식인들마다 하는 이야기가 너무 달라서 도대체 무엇을 믿어야 할지, 무엇이 옳은 것인지 판단하기가 곤란했다. 엠페도클레스[Empedokles, BC]

490?~430?는 세계가 불, 공기, 물, 흙의 4원소로 구성되어 있다고 말했는데, 데모크리토스Demokritos, BC 460?~370?는 세계는 아주 작은 원자들이 진공 속을 날아다니고 있다고 가르쳤고, 피타고라스는 세계의 근원은 수數라고 했다. 도대체 누구의 말을 믿을 것인가? 고대 그리스 최고의 철학자 아리스토텔레스Aristoteles, BC 384~322와 헬레니즘 최고의 천문학자 프톨레마이오스는 우주의 중심에 지구가 있고 다른 모든 천체는 지구를 중심으로 회전하고 있다고 한 목소리로 이야기했는데, 갑자기 아리스타르코스Aristarchos, BC 217?~145?가 뛰쳐나와 지구는 태양을 중심으로 돌고 있다고 하고, 코페르니쿠스는 그 주장을 받아들여 1543년 『천구의 회전에 관하여De revolutionibus orbium coelestium』를 출판했다. 도대체 지구가 회전하는 것인가, 태양이 회전하는 것인가?

서유럽의 정치적 혼란은 지적 혼란을 가중시켰다. 1517년 마르틴 루터Martin Luther, 1483~1546가 가톨릭교회를 비판하는 「95개조 반박문Anschlag der 95 Thesen」을 발표한 이후 유럽은 종교개혁의 몸살을 앓았다. 신을 믿는 방식이 다르다는 이유로 같은 하나님을 믿는 사람들끼리 구교, 신교를 나누어 서로를 죽이려 들었고 유럽 각국이 종교적인 이유와 정치적인 이유를 섞어 종교전쟁에 참여했다. 게다가 성경을 두고도 논란이 분분했다. 중세 동안 성경은 라틴어로 씌어있어서 지식이 짧은 평신도들이 읽기 어려웠을 뿐만 아니라 구하기도 힘들었다. 따라서 평신도들은 성직자의 입을 통해 성경의 구절을 들었으며 성직자들이 해석해주는 대로 성경의 의미를 이해했다. 여기에 루터가 이의를 제기했다. 그는 '성경 해석의 권위는 성직자에게 있는 것이 아니라 개개인에게 있는 것'이며 평신도들도 성경을 읽을 수 있도록 프랑스인의 성경은 프랑스어로, 독일인의 성경은 독일어로 번역해야 한다고 주장했다. 그리고 자신이 앞장서서 독일어로 성경을 번역했다. 루터의 주장은 '성경 해석의 권위가 개개인에게 있다면, 사람들마다 성경 해석이 다를 때는 누구 말을 믿어야 하는가?'라는 또 다른 의문을 유발했다.

이렇게 높아만 가는 근대 초기의 혼란에 결정타를 가한 것은 극단적인 회의주의, 바로 피론주의Pyrrhonism였다. 고대 지식이 번역될 때 함께 서유럽에 들어온 피론주의는 고대 그리스의 철학자 피론Pyrrhōn, BC 360?~270?에 의해 생겨났다고 알려졌는데, 3세기 철학자 섹스투스 엠피리쿠스Sextus Empiricus가 쓴 저작들을 통해 유럽에 소개되었다.

극단적 회의주의라는 이름에 걸맞게 피론주의는 모든 것을 의심했다. 제일 먼저 피론주의자들은 「매트릭스」의 네오가 빠진 상황처럼 모든 감각 경험을 의심했다. 우리 눈에 보이는 것을 그대로 믿을 수 있을까? '보는 것이 믿는 것Seeing is believing'이라는 말이 진리일까? 무지개를 한번 생각해보자. 내게는 무지개가 빨강, 주황, 녹색의 3가지 색으로 이루어져 있는 것 같은데, 예술 감각 뛰어난 사람은 빨강, 노랑, 주황, 초록, 파랑 5가지 색깔이 보인다고 한다. 어떤 것이 맞는 것일까? 사막의 신기루는 또 어떤가? 분명히 내 눈에는 오아시스가 보이지만, 갈증에 지친 채 도착해보면 모래사막뿐이다. 꿈 또한 감각 경험을 믿을 수 없게 만든다. 네오가 경험한 모든 것이 꿈이 아니라고 단언할 수 있을까? 지금 당신은 꿈속에서 이 책을 읽고 있는 것은 아닐지……

꿈꾸면서 보고, 듣고, 만지고, 맛을 보는 것은 실제로 감각을 통해 느끼는 것이 아니지만, 적어도 꿈속에서는 실제와 다를 바가 없다. 그렇다면 꿈과 현실을 어떻게 구분할 것인가? 피론주의의 주장에 따르면 감각 경험만큼 불확실한 것은 없다. 감각 경험은 무엇이 명백한 진리인가를 구별하는 기준으로는 부족했다.

감각을 믿을 수 없다면 수학은 어떨까? 수학처럼 확실한 학문이 또 있을까. 유클리드 Eukleidēs, BC 330~275 의 기하학은 5개의 공리에서 출발하여 확실한 증명 방식을 통해 단단한 지식 체계를 쌓지 않았는가! 그러나 피론주의자들에게는 수학의 확실성도 절대적인 것이 될 수 없었다. 그들은 우선 수학의 증명 방식에 문제를 제기했다. 수학은 단계별로 옳다는 것을 확인하고 그것을 통해 전체의 진리성을 확보하는 방식으로 증명을 한다. 하지만 인간의 이성이 완벽하지 않을진대, 각 단계별로 추론을 하는 과정에서 실수를 하지 않는다고 어떻게 보장할 수 있을 것인가? 백번 양보하여, 유클리드 기하학의 증명이 모두 옳다고 하더라도 '수학이 이 세계에 대해 무엇을 말해주는가?'라는 문제는 사라지지 않는다. 유클리드 기하학에서 삼각형의 성질을 완벽하게 증명했다고 하더라도, 이 세상에 완벽한 삼각형이라는 것이 존재하나? 기하학적인 '점點'은 면적을 가질 수 없어야 하는데, 우리가 그런 완벽한 '점'을 실제 세계에서 만날 수 있을까? 실제 세계의 모든 점들은 확대해보면 면적을 지니고 있지 않은가? 피론주의자들은 수학마저도 이 세상에 대한 지식을 얻는데 확실한 기반을 제공해주지 않는다고 주장했다. 그들은 절대불변의 진리를 알아낼 수 있는 체하는 아리스토텔레스주의자들을 공격하기 위해 극단적인 회의론이라는 무기를 휘둘렀고, 그들의 강력한 무기 앞에서 모든 지식은 절대성을 잃고 말았다.

17세기 철학자들이 부딪힌 '네오의 고민'은 바로 이와 같은 것이었다. 이 혼란스러운 세상 속에서 흔들리지 않는 확실한 지식을 찾을 수 있을까? 어떤 것이 그런 확실성을 보장해 줄 수 있을 것인가? 데카르트의 유명한 '체계적 의심systematic doubt'은 바로 모든 것을 의심하는 피론주의에 대항하기 위해 시작되었다.

모든 것을 의심하고 남은 것은?

피론주의의 극단적 회의론은 너무나 강력해서 그것을 직접 반박하거나 극단적 회의주의의 공격에도 견뎌낼 만큼의 확실한 진리를 제시하는 일은 불가능해 보였다. 이에 데카르트는 피론주의자들이 휘두르는 바로 그 무기를 이용하여 피론주의자들의 공격을 무디게 만들 계획을 세웠다.

1641년에 나온 『성찰Meditationes de Prima Philosophia』에서 데카르트는 자신이 마치 피론주의자가 된 것처럼 모든 불확실한 지식들을 의심했다. 권위에 기대는 지식, 감각 경험에서 나온 지식, 수학의 증명처럼 추론에 의한 지식 등 조금이라도 불확실한 지식은 모두 의심했다. 지금까지 나온 무수한 학문과 상식들이 이 과정에서 의미 없는 것으로 버려졌다. 이제 자신을 둘러싼 외부 세계에 관한 모든 지식들이 불확실한 것으로 거부되고, 육체에 대해 자신이 그동안 알고 있었던 지식마저 믿을 수 없는 것이 되었다.

그 모든 것이 결국은 감각 경험에서 나온 지식일 뿐이었다. 그러나 모든 것을 의심하면 할수록 확실해지는 것이 하나 남았다. 그것은 바로 자신이 생각하고 있다는 것이었다. 그는 자신이 사유하고 있다는 점마저 의심해 보았지만 자신의 사유를 의심하면서 또다시 생각을 하고 있는 자신을 발견했다. 모든 것을 의심하고도 끝내 의심할 수 없는 명백한 사실, 그것은 바로 자신이 생각하고 있다는 것, 바로 그것이 존재를 증명해주는 절대불변의 것이다. 데카르트의 유명한 명제, "나는 생각한다. 그러므로 나는 존재한다cogito ergo sum"는 이렇게 등장했다.

데카르트는 '생각하는 나의 존재'라는 절대불변의 진리를 하나 얻었다. 그는 이것을 단단한 주춧돌로 삼아서 그 위에 그가 부정했던 세계를 다시 세워나가기 시작했다. 우선 신God부터 끌어들이자. 인간이라는 존재는 불완전한 존재이다. 만약 인간이 완전한 존재라면 이렇게 의심으로 가득 찰 수 있겠는가. 그런데 '불완전imperfection'은 '완전perfection'이라는 개념을 전제로 하는 개념이다. '완전'이란 것이 없다면 부족한 상태인 불완전이라는 개념도 없을 테니까. 그런데, 우리는 '완전'이라는 개념을 어디에서 얻었을까? 인간과 같이 불완전한 존재가 '완전'이라는 개념을 알고 있는 것을 보면 완전한 무언가가 이 세상에 존재한다는 것이다. 그렇지 않다면 우리가 어찌 완전을 알 수 있으랴. 데카르트는 여기서부터 완전한 존재, 신의 존재를 입증했다.

이제 완전한 신의 존재로부터 세계를 끌어내는 일이 남았다. 완전한 신께서, 선한 신께서 우리가 명징明澄하게 인식하는 것을 속일 리 없다. 속인다면 완전한 신일 리가 없으니까. 따라서 무엇이든 명징하게 인식한 것이라면 그것은 확실한 진리로 믿을 수 있다는 것이 데카르트의 주장이었다.

모든 것을 의심한 철학자 데카르트

데카르트는 이와 같은 체계적 의심, 혹은 방법적 회의로 극단적인 회의론을 극복했다고 믿었다. 동시대인들도 데카르트에 전적으로 동의하지는 않았더라도, 그가 일정 부분 극단적인 회의론을 극복했다고 생각했다.

오늘날 우리에게는 말장난처럼 보이는 데카르트의 논변이 적어도 당대에는 상당한 설득력을 지녔던 것으로 보인다. 그러나 그의 설득력은 우리가 철학자들에게 기대하는 빈틈없는 논리에서 나온 것이 아니었다. 형식적이고 논리적인 논변은 극단적 회의주의가 효과적으로 공략할 수 있었으므로 데카르트는 그것을 피했다. 대신 그는 친밀한 상식에 호소하는 방법으로 피론주의자들의 공격을 무디게 만들었다. 데카르트는 마치 난로 앞에서 친구에게 찬찬히 설명해주는 것과 같은 다정한 말투로 독자들을 자신의 생각의 흐름 속으로 이끌고 들어갔다. 데카르트의 찬찬한 말 걸기 앞에서 독자들은 그의 글을 논리적으로 읽어내려는 노력을 그만두고 마치 자신이 데카르트가 된 듯이 그의 생각을 쫓아가게 되었다. 그는 상식을 효과적으로 활용할 줄 알았던 현명한 철학자였던 것이다.

사과는 왜 빨갛게 보일까? 사과가 진짜로 빨갛기
는 한 것일까? 한줄기 빛도 없는 어둠 속에서도 사
과는 여전히 빨간 채로 있는 것일까? 피론주의자
들이 주된 공격 대상으로 삼았던 아리스토텔레스주의에 따르면
감각 경험을 일으키는 원인은 물체가 지니고 있는 '고유의 속
성'에서 찾을 수 있었다. 사람들이 성격이나 식성, 외모 같은 것
들을 태어날 때부터 지니고 태어나는 것처럼, 물체들도 그 내부
에 고유의 성질들을 가지고 있다.

사과를 예로 들어 설명하면, 사과는 원래부터 '빨강'이라는 본
래의 속성을 가지고 있었고, 이 때문에 우리 눈에도 빨갛게 보이
는 것이다. 또한 사과의 빨간 속성은 물체에 내재된 특성이므로,
어둠 속에서도 사과는 빨간 채로 있어야 한다.

'생각하는 존재'로 흔들리지 않는 지식의 발판을 놓은 데카르
트는 이제 그 발판에 올라서서, 사고하는 나의 외부 세계에 대한
명징한 진리를 추구하는 일에 착수했다. 피론주의자들이 그 진
리성을 의심했던 감각 경험을 새로운 방식으로 이해하는 것이
시작이었다. 데카르트는 물체가 지닌 고유의 속성에서 감각의
원인을 찾는 아리스토텔레스주의가 사실 아무것도 설명하지 않
고 있다고 비판했다. 물체의 '고유의 성질'이라든지 '내재된 속
성' 같은 근사한 용어를 쓰고 있지만, 결국 아리스토텔레스주의
는 질문을 그대로 답으로 내 놓는 것, 그 이상은 아니었다.

회초리에 아프게 하는 고유의 성질이 있다는 아리스토텔레스
주의의 주장을 맞다고 가정하자. 그렇다면, 회초리를 가만히 쓰
다듬을 때는 왜 아프지 않은 것일까? 그 안에 고통의 성질이 들

어있다면 회초리를 만지는 것만으로도 그 속성이 느껴져야 하는 것이 아닐까? 이처럼 감각의 원인을 사물 안에 내재시켜 설명하는 아리스토텔레스의 설명 방식은 문제가 있었다.

데카르트는 감각과 감각을 일으키는 원인을 분리시키는 것에서부터 아리스토텔레스를 뛰어넘는 일을 시작했다. 종이 위에 '사과'라고 쓴 뒤에 소리 내서 읽어보자. 무엇이 떠오르는가? 붉은색의 둥그런 어떤 것, 사각사각 달콤한 어떤 것이 연상되는가? 아리스토텔레스에 따르면 붉고, 둥글고, 사각사각하고, 달콤한 감각들은 모두 사과에 담겨져 있는 고유의 속성으로, 우리가 그것을 느끼는 이유는 바로 그 속성들 때문이라는 것이다. 하지만 종이 위에 쓰인 '사과'라는 글자에도 그런 속성들이 담겨져 있을까? 글자는 사과를 연상시킬 만한 어떤 속성도 그 안에 담고 있지 않지만, 우리는 그 글자를 보며 '사과'가 담고 있는 속성들을 생각해낼 수 있다. 그렇다면 우리가 느끼는 감각과 그것을 만들어내는 물체 사이에, 그러니까 사과에 대한 각종 감각들과 종이 위에 쓰인 글자 사이에 직접적인 관련이 없더라도 우리는 어떤 감각을 만들어낼 수 있다는 말이 아닌가? 데카르트는 사물에서 감각을 일으키는 각종 '고유한 속성'들을 남겨야 할 필요성을 없애버렸다.

체계적 의심의 방법을 사과에도 적용해서 그것의 감각적 특징들을 하나씩 지워 나가보자. 사과의 색깔이 없어지고, 향과 맛도 사라진다. 마지막에 남는 것은 무엇일까? 무색, 무미, 무취의 어떤 것, 그 어떤 특성도 없이 오직 공간의 일부를 채우고 있다는 것으로 우리가 인식하게 되는 어떤 것이 남게 된다. 이렇게 공간만을 점하고 있는 것, 데카르트에게 사물의 본질은 바로 이것, 외연extension이었다. 공간이 물질이고, 물질이 공간이다. 다시 말해 공간과 물질을 구분할 수 없으므로 데카르트의 세계에서 진공은 존재할 수 없었다. 아무 물질도 없는 진공에는 공간도 존재하지 않게 되니 말이다.

데카르트의 공간은 물질로 꽉 차있는 플레넘plenum(말 그대로 물질이 충만한 공간)으로, 이 플레넘은 세 종류의 물질로 채워져 있었다. 첫 번째 물질은 불의 원소element of fire로 아주 작고, 특정한 형태나 크기가 없어 모양이 쉽게 변한다. 따라서 어느 틈이나 채울 수 있다. 두 번째 공기의 원소element of air는 아주 작지만 크기나 모양을 지니고 있다. 세 번째 흙의 원소element of earth는 불이나 공기의 원소보다는 크고, 모양과 크기가 다양하다. 데카르트는 일체의 다른 감각적 속성 없이 크기, 모양, 배열, 운동만으로 물질을 정의했고 그로부터 차가움, 뜨거움, 습함, 건조함같이 아리스토텔레스 체계에서 중요하게 여기는 질적인 개념들을 끌어낼 수 있다고 생각했다.

아리스토텔레스의 물질이 온갖 감각을 일으키는 고유의 속성을 가지고 있는 다재다능한 것인데 비해, 데카르트의 물질은 모양과 크기, 운동의 특성만을 지니고 있다. 이렇게 단순한 물질에서 어떻게 자연계의 복잡한 현상들이 나올 수 있는 것일까? 데카르트는 충돌에서 그 해결책을 찾았다. 플레넘을 구성하는 작은 입자들끼리의 충돌이 자연의 크고 작은 변화들을 일으킨다는 것이다.

태초에 신이 물질을 창조했을 때 신은 물질에 운동을 부여했

■■ 데카르트는 태초에 신이 물질을 창조했을 때 물질에 운동을 부여했으며, 이 세계는 신이 만든
세가지 자연의 법칙에 따라 운동, 충돌하고 있다고 생각했다.

다. 그리고 신은 창조 시에 만든 그대로 이 세계를 보존하고 있
는데, 신이 만든 세계는 세 가지 '자연의 법칙Laws of Nature'에 따라
운동, 충돌하고 있다는 것이 데카르트의 생각이었다.

데카르트의 신은 계속해서 자연에 개입하지 않고 태초에 홀
륭하게 세상을 창조한 후에 그 상태를 그대로 유지하게 하는 존

재였다. 따라서 창조가 끝난 후에도 물질이 계속해서 운동을 할 수 있는 원리가 필요했다. 데카르트가 제안한 세 가지 '자연의 법칙'은 바로 그 원리를 제공하는 것으로, 신이 불변하고 항상 같은 방식으로 행동하여 늘 같은 결과를 산출한다는 사실에 바탕한 것이었다. 데카르트의 자연 법칙은 다음과 같다.

> 첫째, 모든 물체는 다른 물체가 충돌해서 상태를 변화시키지 않는 한, 똑같은 상태로 남아있다.
> 둘째, 한 물체가 다른 물체를 밀 때 자신의 운동을 잃지 않는 한 다른 물체에 운동을 줄 수 없다. 또한 자신의 운동이 증가 하지 않는 한, 다른 물체에서 운동을 빼앗을 수도 없다.
> 셋째, 물체가 움직일 때 물체를 구성하는 각각의 부분들은 직 선으로 운동하려는 경향이 있다.

이중 첫째와 셋째 법칙은 신이 개입하지 않아도 물질의 운동 이 계속 일어날 수 있도록 관성의 원리를 제공해주었다. 특히 데카르트의 관성의 원리에서 중요한 것은 그가 최초로 관성을 '직선운동'으로 파악했다는 점이다. 관성 개념을 제시한 것은 갈릴레오가 먼저였지만, 갈릴레오가 원관성 개념에 머물렀던 것에 비해 데카르트는 직선관성 개념으로 나아갔다. 둘째 법칙 은 충돌을 설명하는 데 필요한 것으로, 데카르트는 충돌의 과 정에서 운동의 양quantity of motion이 보존된다는 개념을 제시했다. '운동의 양이 보존되는 이유는 신이 창조 시에 부여한 양이기 때문이다.

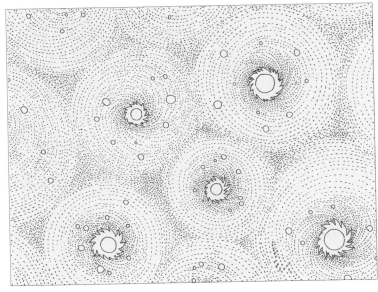

데카르트의 우주론 ㅣ 소용돌이 중앙에 불의 원소인 태양이 존재하고, 태양 주위를 흙의 원소로 이루어진 행성·혜성이 회전한다. 공기의 원소는 빛을 전달하는 역할을 한다.

    플레넘을 구성하는 작은 입자들은 세 가지 '자연의 법칙'에 따라 운동하며 주변 입자와 끊임없이 충돌한다. 그리고 충돌 과정에서 이 입자에서 저 입자로 운동량이 전달된다. 데카르트의 꽉 찬 우주 속에서 충돌이 거듭되면서 결국 처음의 입자에까지 다시 충돌이 이어진다. 이러한 충돌의 연쇄는 거대한 원을 만드는 순환운동인 '충돌의 소용돌이vortex'를 만들어낸다. 데카르트는 작은 입자들의 운동이 형성해낸 무수한 소용돌이들로 가득 차있는 세계를 그려내 보였다.

    그의 세계는 물질의 운동이 모든 변화를 일으키는 역학적인mechanical 세계였다. 또한 스스로 운동의 의지를 지니지는 못하지

만남57

만 창조주가 처음 정해준 자연의 법칙에 따라 정교하게 움직이는 기계적인 세계였다. 이런 의미에서 물질과 운동으로 세계를 이해하는 데카르트의 세계관을 '기계적 철학^{mechanical philosophy}'이라 부른다. 이후 데카르트의 기계적 세계관은 뉴턴에게 계승되었다. 운동의 근원성에 대한 신념에서 데카르트가 뉴턴에 미친 근본적인 영향을 볼 수 있고, 관성이나 운동량보존법칙에서 그 구체적인 영향을 찾아볼 수 있다.

소용돌이가 만들어낸 우주의 질서

아리스토텔레스와 프톨레마이오스의 우주체계는 지구를 중심으로 천체가 회전하는 지구중심체계다. 이는 지구 바로 바깥을 도는 달을 기준으로, 달 위의 세계인 천상계와 달 아래의 세계인 지상계가 완벽히 분리된 전혀 다른 세계였다. 지상계는 흙, 물, 공기, 불의 4원소로 구성되어 있고 불완전하고 영속적이지 못하기 때문에 끊임없이 변화가 일어나는 세계다. 이에 반해서 제5원소인 에테르로 구성된 천상계는 완벽하고 영원한 세계이기 때문에 행성들의 등속원운동을 제외하면 어떤 변화도, 어떤 불완전함도 존재하지 않는다. 지구를 중심으로 움직이는 수성, 금성, 태양, 화성, 목성, 토성의 행성도 완벽한 원을 그리며 등속운동을 하고 있다고 생각했다. 따라서 불완전한 지상계에서 일어나는 변화를 완전한 천상계에 적용하여 생각하는 일은 상상조차 할 수 없는 것이었다.

이런 아리스토텔레스의 지구중심설은 1543년 코페르니쿠스가

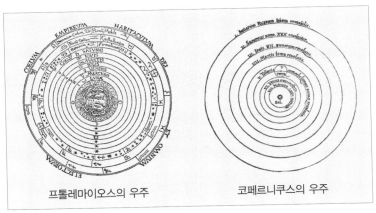

프톨레마이오스의 우주   코페르니쿠스의 우주

프톨레마이오스의 우주에서는 지구를 중심으로 모든 행성이 등속원운동을 한다고 생각한 반면 코페르니쿠스는 태양을 중심으로 한 원운동을 주장했다.

『천구의 회전에 관하여』에서 태양중심설을 주장하면서 조금씩 균열이 생기기 시작했다. 16세기 말~17세기 초, 케플러^{Johannes} Kepler, 1571~1630는 티코 브라헤^{Tycho Brahe, 1546 ~1601}가 남긴 정확한 관측 자료를 통해 행성이 원운동이 아닌 타원운동을 한다는 사실을 밝혀냈다. 이로써 플라톤 이래 어떤 의심도 없이 받아들여졌던, 행성이 완벽한 원을 그리며 등속운동을 한다는 믿음은 깨지고 과학혁명의 기틀이 된 천문학혁명이 시작되었다.

케플러는 여기서 멈추지 않고 행성 운동 법칙을 역학적으로 설명하려고 했다. 이것이 바로 케플러의 세 가지 법칙(타원궤도의 법칙, 면적속도 일정의 법칙, 조화의 법칙)이다. 케플러의 법칙은 천문학자들 사이에 태양중심설을 자리 잡게 하는 데 중요한 역할을 했다. 1610년, 갈릴레오는 망원경으로 울퉁불퉁한 달 표면과 태양의 흑점을 관측하여 그동안의 믿음과는 달리 천상계가

◈◈◈ 케플러의 세 가지 법칙

독일에서 태어난 케플러는 1600년 당대 최고의 관측 천문학자로 알려진 티코 브라헤의 조수로 들어갔다. 브라헤는 망원경이 생기기 전 육안으로 가장 정확하게 천체 관측을 한 것으로 유명한데, 케플러가 조수로 들어간 이듬해 죽고 만다. 결국 브라헤의 방대한 관측 자료는 고스란히 케플러에게 남겨졌다. 케플러는 이 자료들로 화성의 운행 궤도를 연구하기 시작하여 오랫동안 고수되었던 원운동에 대한 관념을 깨고 최초로 타원운동을 제안했고, 행성의 타원운동의 규칙을 세 가지 법칙으로 정리했다. 하지만 케플러 자신조차도 "관찰 결과는 확실하지만 왜 이런 현상이 나타나는지는 모르겠다"고 말했다.

제1법칙 : 타원궤도의 법칙

모든 행성들은 태양을 중심으로 하여 타원궤도를 그리며 공전한다. 즉 태양계 내의 수성, 금성, 지구 등 행성들의 공전궤도가 원이 아니라 타원이라는 것을 의미한다.

제2법칙 : 면적속도 일정의 법칙

행성과 태양을 잇는 선분이 단위시간 동안에 그리는 면적은 행성의 위치에 관계없이 일정하다. 이것은 행성의 공전 속도가 태양에서 멀리 떨어져 있을 때는 느려지고, 가까이 있을 때는 빠르게 운동하는 행성의 부등속운동을 설명하는 것으로, 등속원운동이라는 오래된 믿음을 깨는 것이었다.

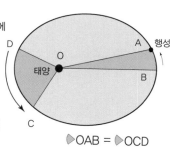

▷OAB = ▷OCD

제3법칙 : 조화의 법칙

행성 공전주기(T)의 제곱은 그 행성까지의 평균 거리인 장반경(R)의 세제곱에 비례한다. 이를 수식으로 표현하면 다음과 같다.

$$T^2 = kR^3$$

불완전하다는 증거를 찾아냈고, 목성의 위성을 발견하여 태양중심설에서 유독 달만 지구 주위를 도는 문제를 해결했다. 갈릴레오는 유려한 글솜씨와 뛰어난 입심으로 그가 발견한 태양중심설의 증거를 일반인에게까지 퍼지게 했다. 게다가 1632년에는 교황청의 허가를 받아 『두 가지 주된 우주체계에 관한 대화Dialogo sopra i due massimi stsstemi del mondo』를 출판해서 태양중심설을 옹호했다. 허를 찔린 교황청이 갈릴레오를 종교재판에 회부한 것은 잘 알려져 있는 이야기다.

데카르트가 우주론에 관심을 갖기 시작한 것은 대략 1620년대 말로 갈릴레오가 『두 가지 주된 우주체계에 관한 대화』를 준비하던 시기와 거의 일치한다. 데카르트는 「빛에 관하여Traité de la lumière」에서 기계적 철학의 설명 방식으로 우주의 장대한 역사를 대담하게 그려냈다. 이 논문은 1632년경 초고가 완성되었으나 갈릴레오의 종교재판 소식에 놀라서 1633년으로 출판을 연기했다가 결국 데카르트 사후, 1664년에 「인간에 관하여L'Homme」와 함께 『세계Le Monde』라는 이름으로 출판되었으니 데카르트의 우주론은 30년 넘게 빛을 보지 못했다.

데카르트가 「빛에 관하여」에서 그려낸 기계적인 우주는 현재 우리가 알고 있는 우주와는 전혀 다른, 매우 낯설고 신기한 세계이다. 이는 당대의 사람들에게도 마찬가지였던 듯하다. 그래서인지 교회의 권위를 의식한 데카르트는 '가상의 새로운 세계'를 보여주겠다는 말로 우주론을 시작한다. 요즘으로 말하자면 SF라는 가설 아래 글을 시작한 것이다. 데카르트의 우주는 소용돌이부터 시작된다. 각 소용돌이의 바깥쪽은 무겁고 빠르게 움직여서 직선으로 움직이려는 경향이 강한 물질들이 커다란 원을 그리며 돌고 있고, 안쪽으로 갈수록 가볍고 느리게 회전하는 물질들이 작은 원을 그리며 돌고 있다. 소용돌이 운동이 계속될수록 가벼운 제1원소, 불의 원소는 점점 중앙으로 몰리게 된다. 우주에는 제1원소가 필요한 양보다 좀 넘치게 많아서 소용돌이의 중심에는 제1원소만이 존재하게 되는데, 이렇게 소용돌이의 중앙에 모인 불의 원소가 바로 태양이다. 데카르트의 우주에 있는 여러 개의 소용돌이는 각각 이와 같이 태양계를 만들기 때문에 우주에는 아주 많은 태양계가 존재하고, 각 태양계의 중앙에서 태양이 빛을 낸다. 태양을 구성하는 불의 원소들은 완벽한 유체이기 때문에 매우 빠르게 회전하고 그로 인해 발생하는 원심력이 태양 표면에서 다른 물질들을 표면 바깥으로 밀어낸다. 이 압력

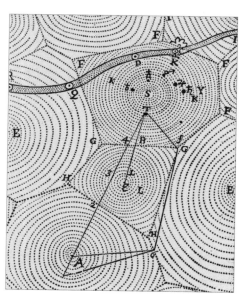

데카르트의 「빛에 관하여」에 소개된 소용돌이 우주론 | 각각의 동심원들은 그 하나하나가 태양계를 구성하고, 동심원의 중앙에는 태양 (S)이, 태양의 주위에는 행성이 소용돌이를 이루며 돌고 있다.

이 우주를 구성하는 제2원소인 공기의 원소를 통해 전달되는 것이 바로 태양에서 나오는 빛이다. 그리고 제3원소인 흙의 원소들은 모여서 여러 개의 행성과 혜성을 구성한다.

그렇다면 행성과 혜성의 궤도운동도 소용돌이로 설명할 수 있을까? 커다란 욕조에 물을 채운 뒤 물에 뜨는 플라스틱 병뚜껑 몇 개를 띄워보자. 그런 다음 물이 빠지도록 욕조 마개를 뽑으면 욕조 구멍으로 물이 빠지면서 물은 커다란 소용돌이를 만든다. 그리고 병뚜껑들은 그 소용돌이를 따라 원운동한다. 이것이 바로 데카르트가 행성의 궤도운동을 설명하는 방법이다. 제2원소, 공기의 원소들은 욕조의 물처럼 태양계 내에 거대한 소용돌이의 흐름을 만든다. 물의 소용돌이를 따라 움직이는 병뚜껑들은 공전하는 행성들이다. 제2원소는 태양계의 소용돌이 흐름을 만들어 행성과 혜성을 그 흐름 속에 실어 나른다. 이때 무거운 행성일수록 직선운동의 경향이 강해서 소용돌이의 가장자리로, 가벼운 행성일수록 중심에 가까운 쪽으로 가게 된다. 행성이 어떤 위

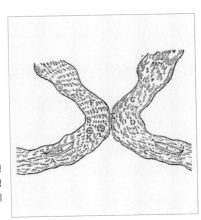

데카르트의 「빛에 관하여」에 나온 혜성 설명 그림 | 두 개의 태양계가 만나는 지점에서 행성이 길을 잃어 다른 태양계로 들어가면 혜성이 된다.

치에 들어서면 행성이 바깥으로 나가려는 원심력과 바깥쪽 소용돌이가 행성을 미는 힘이 같아져서 행성은 안정된 궤도를 유지하며 공전한다.

혜성의 정체는 길을 잃은 행성이다. 앞의 그림에서처럼 E에서 만나는 두 줄기의 강이 있다. 강줄기를 따라서 배가 흘러가는데 보통 때는 별일 없이 원래의 강줄기를 따라 배가 지나갔다. 어느 날, 한 척의 배가 굉장히 빠른 속도로 강을 지나갔다. 두 강의 합류 지점을 지날 때 배의 속도가 너무 빨라서 배는 원래의 강줄기를 벗어나 옆의 강줄기로 들어가 버렸다. 자, 이제 강줄기 대신 제2원소의 소용돌이로 돌아가자. 태양계 소용돌이의 가장자리를 따라 아주 빠르게 도는 행성이 하나 있다. 너무나 빠르게 돌던 행성이 옆의 강줄기로 건너가 버린 배처럼 원래의 태양계를 벗어나서 그 옆의 태양계로 진입해버렸다. 길을 잃은 행성은 그 속도가 너무 빨라서 옆의 태양계의 소용돌이의 흐름을 뚫고 운동을 계속하게 되는데, 이것이 바로 혜성이다.

지구와 그 주위에서 일어나는 운동 또한 소용돌이를 이용하여 설명했다. 지구도 다른 행성들처럼 제2원소의 소용돌이를 따라 공전한다. 그런데 지구를 둘러싼 제2원소의 흐름이 균일하지 않다. 지구를 둘러싼 한쪽의 소용돌이가 다른 쪽보다 더 빠르게 움직이자 지구는 지구의 축을 따라 회전하게 된다. 이것이 지구의 자전이다. 지구의 자전은 주위에 지구를 중심으로 하는 조그만 소용돌이를 하나 만들어냈다. 이 소용돌이를 따라 작은 행성 하나가 회전하는데, 이것이 바로 달이다.

중력 역시 지구 주위를 둘러싼 소용돌이로 인해 원심력이 부족

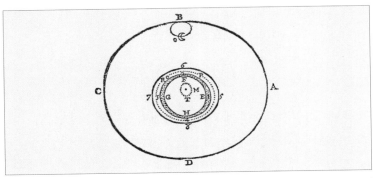

데카르트의 「빛에 관하여」에 제시된 조수에 대한 설명 | FGHE는 지구이고, 그 주위의 원은 바다. 데카르트의 소용돌이 이론에 따르면, 달이 O의 위치에 있을 때 지구 주위 ABCD를 회전하는 소용돌이의 압력이 O에서 증가하게 된다. 이 압력은 지구에 영향을 미쳐서 지구 주위의 바다는 우측에 보이는 것처럼 지구의 양옆으로 밀려가게 되는데, 이때 G, E 부분에는 밀물이, F, H 부분에는 썰물이 나타난다.

한 물체에 나타나는 현상일 뿐이었다. 지구 주위의 소용돌이에 참여한 물질들 중에 더 큰 원심력을 받은 물질이 그렇지 못한 물질들을 지구 쪽으로 밀치며 바깥쪽으로 나가버린다. 데카르트는 중력을 원심력이 작아서 지구 쪽으로 밀쳐진 물체가 마치 지구를 향해서 떨어지는 것처럼 보이는 현상이라고 설명했다.

조수 현상은 달이 소용돌이의 흐름을 방해해서 나타나는 현상이다. 다음의 그림에서처럼 달이 O에 위치하면 그 부분의 소용돌이 흐름은 좁은 공간을 지나게 되어 속도가 빨라지고, 그 결과 지구의 F와 H에 미치는 압력이 커진다. 이 압력으로 인해 지구를 둘러싼 물이 G와 E쪽으로 밀려가면 그쪽에는 밀물이, F와 H에는 썰물이 나타나는 것이라고 데카르트는 설명했다.

데카르트는 이것이 실제 우리가 사는 세계라고 주장하지는 않았지만, 이야기 사이사이 우리가 사는 세계가 이런 식으로 움직인다고 생각해도 되지 않겠느냐고 조심스레 말을 꺼낸다. 물론 데카르트가 그려낸 세계는 우리가 사는 세계와는 다르다. 그리고 그의 설명 중 상당 부분은 사실과 맞지 않는다. 그럼에도 불구하고 그의 소용돌이 우주론은 다른 복잡한 가정을 끌어들이지 않은 채, 상식적인 논리에 근거해 장대한 우주의 모습을 세 종류의 물질과 세 개의 운동 법칙만으로 설명해냈다는 점에서 그 의의를 찾을 수 있다.

후에 데카르트의 소용돌이 우주론은 뉴턴에게 많은 비판을 받았다. 예를 들어 데카르트가 설명한 것과는 정반대로 조수 현상이 일어난다는 점이나 소용돌이 우주론이 케플러가 발견한 행성의 운동 법칙을 제대로 이끌어내지 못하는 점 등이 비판의 대상이었다. 그러나 이런 비판은 뉴턴이 데카르트가 던져놓은 질문들을 착실하게 따라갔기에 나올 수 있던 것들이었다. 이런 점에서 데카르트는 뉴턴에게 풀어야 할 문제들을 정리해서 던져준 선생이었다.

무지개를
찾아서

앞서 아리스토텔레스주의는 사과가 빨간 이유를 빨강의 속성을 지니고 있기 때문이라고 주장했다. 즉, 아리스토텔레스에게 색깔은 물체가 지닌 고유의 속성이었다. 하지만 모든 색깔을 다 그렇게 설명할 수는 없었다. 무지개는 실체가 없는데도 색깔이 있지 않은가? 이 때문에 아리스토텔레스는 색을 물체의 고유한 성질인 '실제 색'과 빛의 작용으로 생기는 '겉보기 색'으로 구분했다. 물체의 실제 색은 빛이 있으나 없으나 존재하는 고유의 속성이지만, 겉보기 색은 빛이 있을 때만 나타난다. 게다가 무지개는 반드시 태양을 등지고 있어야 볼 수 있고 태양을 마주 본 채 무지개를 보는 것은 불가능하다. 이런 점에서 아리스토텔레스는 겉보기 색을 빛과 어두움^{Shadow} 즉, 백색광과 어두움의 혼합에 의한 것이라고 설명했다. 다시 말해 빛과 어두움을 섞는 비율에 따라 빨강, 노랑, 파랑 같은 색이 나온다는 것이다. 색깔을 어두움이 섞여 나타나는 백색광의 변형으로 본다는 점에서 아리스토텔레스의 겉보기 색깔 이론은 '변형 이론^{modification theory}'이라고 불렸다.

데카르트에게도 빛은 계속해서 관심을 끌었던 주제였다. 1632년 완성된 「빛에 관하여」, 1637년 「방법서설^{Discour de la méthode}」의 부록처럼 출판된 「굴절광학^{Dioptrique}」과 「기상학^{Météores}」에서 데카르트는 빛의 문제를 끈질기게 다루었다.

데카르트의 세 가지 원소부터 시작해보자. 세 원소는 빛과의 연관성 속에서 기능적으로 구분된다. 불의 원소는 태양을 만드는 원소, 즉 빛을 만들어낸다. 공기의 원소는 태양 표면의 압력, 즉 빛을 전달하는 기능을 한다. 흙의 원소는 공기의 원소를 통해 전달된 빛을 반사시킨다. 따라서 각 원소는 빛의 생성, 전달, 반사의 기능 면에서 구분되는 것이다.

데카르트는 기계적 철학의 용어로, 다시 말하면 작은 입자들의 운동과 그에 따른 압력으로 직진, 반사, 굴절과 같은 빛의 기본적인 특징들을 설명했다. 직진, 반사, 굴절은 테니스공의 운동에 비유되었다. 테니스공을 라켓으로 치면 공은 관성에 따라 직

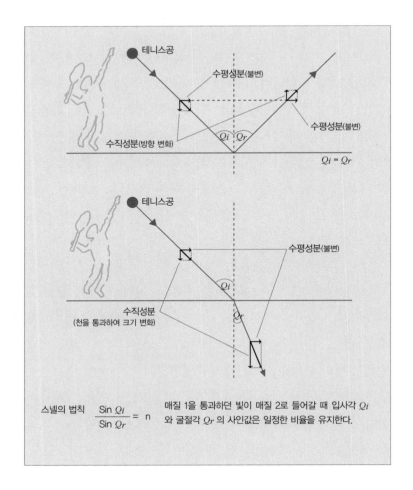

테니스공

수평성분(불변)

수직성분(방향 변화)

Q_i Q_r

수평성분(불변)

$Q_i = Q_r$

테니스공

수평성분(불변)

Q_i

수직성분
(천을 통과하여 크기 변화)

Q_r

스넬의 법칙 $\dfrac{Sin\ Q_i}{Sin\ Q_r} = n$ 매질 1을 통과하던 빛이 매질 2로 들어갈 때 입사각 Q_i
와 굴절각 Q_r 의 사인값이 일정한 비율을 유지한다.

선운동을 하게 되는데, 데카르트는 빛의 직진 운동이 이와 같다
고 설명했다. 운동하던 공이 바닥에 비스듬하게 부딪혔다. 공은
어떻게 될까? 바닥에 튕긴 공은 반대 방향으로 튀어 오른다. 빛
의 운동에 이것을 적용해 보면 벽에 부딪힌 빛은 반대 방향으로
반사되는 것으로 이해할 수 있다. 데카르트는 테니스공의 운동
을 땅에 수평한 성분과 수직한 성분으로 분해하여 빛의 반사를

좀 더 상세하게 다루었다. 공이 바닥에 부딪힐 때 바닥에 수평한 운동 성분은 변하지 않는다. 그에 비해 수직한 운동 성분은 충돌로 인해 크기는 변하지 않지만 방향이 반대로 변한다. 빛도 이와 같아서 벽에 부딪혀 반사될 때 진행 방향에 변화가 생기지만 운동의 크기는 변하지 않기 때문에 빛이 벽에 입사한 각도와 반사되는 각도가 동일하다.

빛의 굴절은 천을 통과하는 공에 비유했다. 천을 통과할 때 천에 수평한 공의 운동 성분은 변화가 없지만 수직한 운동 성분은 크기가 더 커지거나 줄어든다. 이 변화로 인해 공의 진행 방향이 휘게 된다. 데카르트는 빛이 공기에서 물로, 혹은 공기에서 유리로 들어갈 때 빛의 운동에 생기는 굴절을 바로 이런 현상이라고 보았다. 굴절면에 수평한 운동은 변화를 겪지 않지만, 수직한 운동의 크기는 변하여 빛의 경로가 굴절되는 것이다. 데카르트는 이 분석에서 더 나아가 오늘날 스넬의 법칙Snell's law으로 알려진, 굴절의 사인법칙을 기하학적으로 입증하기도 했다.

지상의 빛 중에서 데카르트의 관심을 끈 것은 무지개였다. 무지개는 정말 흥미로운 주제였다. 아름답기도 하거니와 위치에 따라 보이기도 하고 안 보이기도 하는 무척 신비로운 주제였다. 그렇기에 데카르트로서는 더욱 합리적이고 명백하게 이해하고 싶었다. 무지개를 만들기 위해 데카르트는 물을 가득 담은 유리구를 준비했다. 커다란 인공 물방울 하나를 준비한 것이다. 이 물방울을 이리저리 놓아보고, 올렸다 내렸다를 반복하며 무지개를 만들다가 데카르트는 흥미로운 사실을 발견했다. 조건을 잘 조정하면 무지개는 하나가 아니라 두 개가 생기기도 하는데, 두

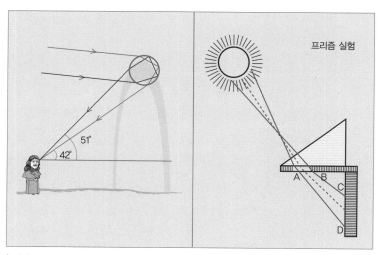

데카르트의 무지개 생성 원리 실험과 프리즘 실험 | 데카르트는 물방울 안에서 빛이 몇 차례반사, 굴절되면서 무지개가 만들어진다고 생각하고 무지개가 형성되는 각도 또한 굴절과 반사이론으로 설명했다.

무지개는 각각 특정한 각도에서만 관찰이 되며 색배열이 서로 반대가 되었다. 조금 더 연구를 해 보니 첫 번째 무지개는 42도 근처에서 빨간색이 안쪽으로, 보라색이 바깥쪽으로 형성이 되고, 두 번째 무지개는 이보다 높은 51도 근처에서 형성되며 빨간색이 바깥쪽에, 보라색이 안쪽에 만들어졌다. 데카르트는 빛이 물방울 안에서 몇 차례의 굴절과 반사를 반복함으로써 무지개가 생긴다고 설명했으며, 무지개가 형성되는 각도 또한 굴절과 반사의 이론으로 설명했다.

그런데, 무지개의 색깔은 왜 생기는 걸까? 물방울의 둥근 모양 때문일까? 물방울이 만드는 것처럼 모든 무지개들이 항상 특정 각도에만 생기는 걸까? 이런저런 생각을 하던 중 데카르트는 삼각 프리즘을 떠올렸다. 데카르트는 무지개의 정체를 밝히기 위해 프리즘으로 다음과 같은 실험을 했다. 유리 선반을 작은 구멍 (옆 그림의 AB)만 남긴 채 검은색 종이로 가리고 그 위에 프리즘을 올려놓고 빛을 통과시켰더니 선반 벽(옆 그림의 CD)에 무지개가 나타났다. 작은 구멍의 위치를 옮겨가면서 실험을 해보면 위치는 바뀌지만 계속해서 벽에 무지개가 생겼다. 삼각형의 프리즘으로도 무지개를 만들 수 있는 걸 보면 물방울의 둥근 모양이 무지개의 원인은 아니었다. 또한 인공 물방울에서와는 달리 프리즘으로는 여러 각도에서 무지개를 만들 수 있는 것으로 보아 각도도 무지개의 결정적인 이유는 될 수 없었다. 그렇다면 무지개의 원인은 무엇일까? 데카르트는 선반을 가렸던 검은 종이를 치워보았다. 그러자 무지개는 더 이상 나타나지 않았다. 무지개가 만들어지기 위해서는 어둠이 필요하다는 규칙을 찾아낸 것이다. 그러고 보니 물방울로 무지개를 만들 때도 꼭 햇빛을 등지고 서야 무지개를 만들 수 있었다. 데카르트는 무지개의 생성에는 빛과 함께 어둠도 필요하다고 결론 맺었다. 왜 데카

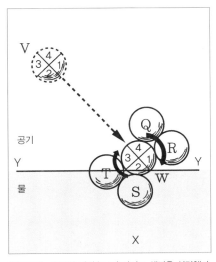

데카르트는 입자의 회전속도의 차이로 색깔을 설명했다.

르트는 어둠을 중요하게 여겼던 것일까? 아리스토텔레스에 대해 비판적인 데카르트였지만 그 순간 그는 아리스토텔레스가 주장한 '겉보기 색'의 변형 이론을 따르고 있었다. 무지개와 같은 겉보기 색은 백색광과 어둠이 섞여서 만들어진다는 아리스토텔레스의 이론에서 완전히 벗어나지 못하고 있었던 것이다.

빛이 프리즘이나 인공 물방울을 통과하면 왜 색깔이 나타나는 것일까? 데카르트는 그의 장기인 운동을 끌어왔다. 예를 들어 앞의 그림에서 V에서 X 쪽으로 운동하는 공이 YY에서 물을 만난다. 공에서 물과 먼저 만나는 3부분은 속도가 느려지는 반면 1부분은 여전히 속도가 빨라서 이 속도 차이로 인해 공은 회전하게 된다. 이 입자 주위에 있는 다른 입자들 Q, R, S, T도 비슷하게 회전을 하게 되고 서로의 회전 속도에 영향을 미치게 되면서 어떤 입자는 회전이 더 빨라지고 다른 입자는 상대적으로 회전이 느려지게 되는데, 회전이 빠른 입자는 빨간색의 감각을, 느린 입자는 파란색의 감각을 일으키게 된다는 것이다. 요컨대, 데카르트는 "빛을 전달하는 입자들이 프리즘이나 물과 같은 다른 매질 속을 지나면서 회전 속도에 차이가 생기게 되는데, 이 회전 속도의 차이가 색깔로 나타나는 것"이라고 주장했다.

데카르트의 빛과 색에 관한 연구는 빛을 전달하는 입자의 다양한 운동 상태로 빛과 색의 현상들을 설명해냈다는 점에서 역시 기계적 철학의 특성들을 잘 드러내준 연구였다. 빛 현상을 눈에 보이지 않는 작은 입자들의 미시적인 메커니즘으로 설명한 점에서 그는 색깔과 빛을 물질의 본질적인 속성이 아니라 '운동'의 결과로 만들었다. 그러나 색깔을 백색광의 변형(회전 속도의 변형)으로 이해했다는 점에서는 여전히 아리스토텔레스의 변형 이론에 한쪽 발을 담그고 있었다고 할 수 있다. 과학적 연구가 아리스토텔레스주의에서 완전히 벗어나기 위해서는 뉴턴이 나타날 때까지 기다려야 했다.

인체는 자동인형

1629년 겨울, 암스테르담. 푸줏간 주인이 소를 잡는 자리에 단정하게 콧수염을 기른 점잖아 보이는 신사 한 명이 다가와서 도축하는 광경을 자세히 관찰하고 있었다. '말끔하게 차려입은 사람이 이런 자리엔 왜 와 있나, 이상한 사람도 다 있다'고 생각한 푸줏간 주인이 한마디 던졌다.

"이보시오, 그렇게 가까이서 보면 댁한테 소의 피나 내장같이 지저분한 것이 튈 거요. 깨끗하게 차려입은 그 옷 버리고 싶지 않으면 저만치 가서 보시구려."

콧수염 남자는 그 말에도 아랑곳하지 않고 오히려 더 가까이 다가와서 죽은 소의 간이며 위 따위를 살펴보더니 푸줏간을 떠났다.

다음 날, 푸줏간 주인은 돼지를 잡고 있었다. 어느새 어제의 그 남자가 나타나서 유심히 도축 장면을 지켜보고 있었다. 돼지의 피가 튀어서 옷 여기저기에 묻는데도 상관하지 않고 남자는 돼지의 눈, 귀 뼈 따위를 뒤적거렸다. 그다음 날도, 그다음 날도 이 남자의 방문이 계속되자 푸줏간 주인은 슬슬 궁금해지기 시작했다.

"저기, 뭣 하시는 분이기에 점잖게 생긴 분이 이런 곳을 매일 드나드시는 거요?"

"아이고, 내가 며칠을 드나들면서도 내 소개를 안했나 보군. 난 프랑스 사람, 데카르트일세. 지금 사람이나 동물의 몸을 연구하는 중이지. 그에 대해 책을 좀 쓸 생각이거든. 사람 몸을 어디 쉽게 볼 수가 있어야지. 그래서 소나 돼지 같은 동물이라도 좀 자세히 보려고 여길 드나드는 걸세. 내가 오는 게 자네 일에 방해가 되나?"

"아니, 방해랄 것은 없습니다. 그냥 이런 곳에는 어울리지 않는 분이 오시기에 궁금해서 물어본 겁니다. 대체 죽은 소나 돼지를 보며 무슨 책을 쓰신답니까? 매일같이 하는 저 같은 놈에게는 특별한 것 하나 없어 보이는데요."

"동물이나 사람의 몸이 어떻게 움직이는지 자네는 아나? 또, 음식을 먹으면 어떻게 소화를 시키는 것인지는? 어떻게 불 가까이 가면 뜨겁다는 걸 알고 몸을 빼는 걸까? 내 그런 걸 좀 명징하게 설명해보고 싶다네. 아, 자네 명징하다는 말뜻을 아는가? 내가 좋아하는 말이지. 명징하게 설명한다는 말은, 그러니까, 아주 단순한 원리로, 누구나 의심의 여지 없이 이해하고 수긍할 수 있게 설명한다는 의미라네."

"저같이 날마다 소, 돼지나 잡는 놈이 그런 걸 알 수 있겠습니까?"

"아닐세. 오히려 자네처럼 실제적인 일을 하는 사람들이 삼단논법이나 따지고 앉아있는 사람들보다 나을 수도 있지. 그래서 말인데, 내 자네에게 궁금한 것 있으면 물어봐도 되겠나?"

"물론이죠. 제가 도와드릴 게 있으면 언제든지 말씀하십시오."

"그럼 내가 저기 굴러다니는 돼지 눈알 몇 개 가져가도 되겠나? 집에 가져가서 좀 자세히 해부를 해보고 싶어서 말일세."

"얼마든지 가져가십시오. 어차피 팔지도 못해서 그냥 버리는 건데요, 뭐."

과학혁명 직전까지 유럽인들은 헬레니즘 시대 생리학자 갈레노스Claudios Galenos, 129~199 의 이론을 따라 우리 몸의 작용을 이해했다. 갈레노스는 신체의 중요한 세 가지 기능인 소화, 호흡, 신경을 체계적이고 일관성 있게 설명했다. 그는 우리 몸 안에서 세 가지 종류의 영이 소화, 호흡, 신경을 책임진다고 생각했다. 우리가 먹은 음식물이 간에서 '자연의 영natural spirit' 즉, 피로 바뀌어 정맥을 통해 온몸으로 전달된다. 자연의 영이 허파에서 공기를 만나면 '생명의 영vital spirit'이 되어 동맥을 통해 온몸에 생명의 기운을 전달하는 것이 호흡이다. 생명의 영은 인체의 특정 부분에서 '동물의 영animal spirit'으로 바뀌어 뇌로 전달되는데, 신경(정신작용)은 동물의 영에 의해 일어난다고 여겼다.

1628년 말, 네덜란드로 거주지를 옮긴 데카르트는 동물의 생리작용에 관심을 갖고 해부학과 생리학 책들을 파고들었다. 공부를 하면 할수록 그는 각종 '영'으로 동물의 기능

:: 갈레노스

고대의 가장 유명한 의사 가운데 한 사람. 그의 이론은 이후 중세와 르네상스 시대에 걸쳐 유럽의 의학 이론과 실제에 절대적 영향을 끼쳤다. 그의 연구 중 가장 큰 성과 하나는 동물이 공기를 운반하는 것이 아니라 혈액을 운반한다는 사실을 밝힌 점이다.

을 설명하는 방식에 만족할 수 없었다. 특히 식물의 영, 감각의 영같이 모호한 용어를 써가며 표현하는 것이 못마땅했던 그는 인체의 작용도 기계적 철학의 영역으로 포함시켜야겠다고 결심했다. 이것을 이루려면 인체나 동물에 대한 해박한 해부학적 지식이 필요했다. 1629년 암스테르담에서 첫 겨울을 보내면서 데카르트는 매일같이 푸줏간을 방문하여 소나 돼지를 잡는 것을 보고 그 내장의 모양이나 위치, 기능 등을 연구하기도 하고, 푸줏간에서 소나 돼지의 눈이나 내장을 가져와서 집에서 직접 해부하기도 했다. 1632년에는 기억, 상상과 같은 동물의 정신작용을 연구하기 위해 여러 동물들의 뇌를 해부하기까지 했다. 출판된 지 얼마 안 된 윌리엄 하비^{William Harvey, 1578~1657}의 『동물의 심장과 혈액의 운동에 대한 해부학적 연구^{Exercitatio Anatomica de Motu Cordis et Sanguinis in Animalibus}』를 읽고 혈액순환설을 알게 된 것도 이 무렵이었다.

2~3년간 꾸준히 생리학을 공부하고 해부학의 실제 지식을 쌓은 뒤, 그는 인체가 정밀한 자동인형과 다를 바 없다는 생각에 도달했다. 1633년 완성된 「인간에 관하여」에서 데카르트는 기계적 철학을 생명체에까지 적용했다. 우선 그는 인간을 몸^{body}과 정신^{mind}의 두 부분으로 나누었다. 이중 기계적 철학이 적용되는 부분은 몸으로, '기계적 철학'이라는 말이 제대로 들어맞도록 인체를 정교한 자동인형(하나의 기계)으로 파악했다. 시계나 정원의 분수, 물레방아 같은 기계들은 인간이 만든 것이지만, 인간이 없이도 다양한 방식으로 작동할 수 있다. 데카르트에겐 인간의 몸도 신이 만든 기계였다. 다만 신이 만든 덕분에 인간이라는 기계

:: 데카르트는 인간을 몸과 정신의 두 부분으로 나누어 그중 몸에 해당하는 인체를 신이 만든 정
   교한 자동인형이라 생각했다.

는 인간들이 만든 기계보다 훨씬 정교하고 다양한 기능들을 할 수 있는 것이다. 그렇다면 인간이라는 기계는 어떻게 작동하는 것일까?

데카르트는 소화, 신경계의 작용, 감각, 정신작용 등 인체의 주요 생리학적 기능들을 기계적 철학의 용어로 표현했다. 소화를 예로 들어보자. 음식물이 이 기계의 위*로 들어가면 위 속에 있는 어떤 종류의 분비물이 음식물을 분해한다. 물에 석회를 녹일 때처럼 위에서 분비되는 액체는 음식물을 쪼개고, 흔들어대고, 열을 내게 한다. 음식물은 작은 부분들로 분해되고 그 중 큰 것은 아래로 흘러가서 결국 몸 밖으로 배출된다. 더 작은 부분들은 액체를 따라 흘러가다가 이 기계 곳곳에 나있는 작은 틈으로 흘러 들어간다. 일부는 간으로 가기도 하고 일부는 혈관을 따라 흘러가기도 한다. 음식물 조각들은 기계의 여기저기를 흘러다니

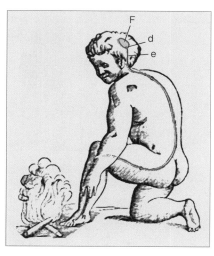

데카르트의 저서 『인간에 관하여』에 소개된 인간의 감각과 그에 따른 반응

다가 기계에 있는 구멍들을 채우곤 한다. 이때 아이들의 몸에서는 원래보다 큰 조각이 구멍을 채우거나 두세 개의 조각이 구멍 하나를 채워서 기계가 더 커지게 되는데, 이런 작용을 통해 아이들의 몸은 성장한다.

감각도 기계적 철학의 설명 대상이었다. 예를 들어, 모닥불에 발을 대려고 하는 무모한 아이가 있다고 하자. 아이는 곧 "앗, 뜨거워!" 소리치며 황급히 발을 뺀다. 이것을 기계적 철학으로 설명하면 어떻게 될까? 불은 아주 빠르고 격렬하게 운동하는 물질로 구성되어 있다. 아이가 발을 불에 가까이 가져가면 불을 구성하는 그 작고 빠른 물질이 발의 피부에 충돌해서 발부터 머리까지 연결되어 있는 가는 실^{fiber}을 잡아당긴다. 그러면 이 실 끝에 연결된 작은 구멍 de의 뚜껑이 열리면서 여기를 통해 F에 들어 있던 동물의 영$^{animal spirit}$이 빠져나온다. 이 영의 작용으로 아이는 발을 빼고 손을 움직여 온몸을 돌려 불에서 멀어지게 된다.

이처럼 데카르트는 인체를 각종 실과 관, 구멍들로 가득 찬 기계로 파악하고 기계들이 작동하는 원리에 따라 인체가 움직이는 것으로 이해했다. 다른 동물들도 작동 원리는 인간과 똑같이 기계적이다. 이런 점에서 인간과 동물은 똑같은 원리에 따라 작동하는 다른 종류의 기계라고 이해할 수도 있지만, 데카르트는 오직 인간만이 사고할 수 있는 이성, 정신을 가지고 있다고 말함으로써 인간과 동물의 경계를 명확하게 구분지었다. 또한 인간에게도 기계적 철학이 적용되는 영역을 몸에 국한시켜서 정신과 몸을 엄격하게 구분하는 이분법을 가져왔다.

오늘날 많은 것을 알고 있는 우리에게 지금까지 살펴본 데카르트의 이론은 그럴듯하지만 사실은 그저 재밌는 이야기 정도로 보일 수도 있다. 하지만 데카르트의 자연철학이 17세기 유럽 지식인 사회에 미친 영향은 대단했다. 도대체 그의 이론의 어떤 측면이 당시 사람들에게 호소력을 지닐 수 있었던 것일까?

17세기 유럽 지식인 사회는 아리스토텔레스주의 세계관에 생긴 균열을 충분히 감지하고 있었다. 그러나 철학과 과학 모두를 포괄하는 아리스토텔레스주의를 버리는 일은 생각만큼 손쉬운 일이 아니었다. 그것을 버리고 나면 어떤 틀로 세상을 이해할 것인가? 아리스토텔레스주의를 능가할 대안이 없는 상태에서 사람

🟦 데카르트의 자동인형

사람의 몸이 정교한 자동인형과 다를 바 없다는 데카르트의 주장을 사람들은 무척 재미있어했다. 18세기 말, 데카르트가 죽은 지 100년이 지나서도 데카르트의 기계적 인간관은 재미있는 소문을 끌고 다녔다. 18세기 유행했던 소문에 따르면 데카르트는 아주 정교한 자동인형을 늘 가지고 다녔다고 한다. 여자의 모습인 그 인형은 외견상으로 사람과 똑같은 모습을 하고 있고, 말하고 웃고 반응하는 것도 사람과 다를 바가 없었다. 심지어 데카르트의 딸 프란신과 똑같은 외모를 지녔다는 소문도 나돌았다. 데카르트는 그 인형을 트렁크에 넣고 다니다가 가끔 꺼내보고 잘 때는 다시 트렁크에 넣어서 자신의 잠자리 옆에 두곤 했다. 한번은 데카르트가 배를 타고 바다를 건너는데, 이번에도 그 트렁크를 애지중지 다루었다. 그 배의 선장은 그 안에 들어 있는 것이 너무나 궁금했던 나머지 한밤중 데카르트가 깊은 잠에 빠진 때를 틈타 그의 방 안에서 트렁크를 몰래 가지고 나왔다. 조심조심 트렁크를 가지고 나와 열어보니 그 안에는 여자 인형이 있는데, 어찌나 정교한지 살아 있는 사람과 다를 바가 없이 행동했다. 선장은 무척 놀랐다. 너무나도 정교한 인형을 보고 악마의 물건이라고 여긴 선장은 결국 그 인형을 트렁크 채로 바다에 던져버렸다고 한다. 이어지는 풍문에 따르면 이후 데카르트의 딸 프란신이 더 이상 보이지 않았다고 한다. 믿거나 말거나.

들은 불만스러워 하면서도 그것을 끌어안고 있을 수밖에 없었다.

데카르트가 하고자 했던 것은 바로 아리스토텔레스주의에 대한 포괄적인 대안을 제시하는 것이었다. 이것은 기계적 철학을 통해 추구되었는데, 운동이라는 단일한 원리로 다양한 자연현상들을 합리적이고 명쾌하게 이해하고 설명할 수 있다는 가능성을 보여주는 것이 그의 목적이었다. 이런 점에서 데카르트는 자신이 제시한 이론이 실제로 자연에서 일어나는 것을 보여주는 진리라고 강하게 주장하지는 않았다. 대신 이렇게 이해하는 방식도 가능하지 않겠냐고 조심스럽게 운을 뗀 것이다.

데카르트가 제시한 가능성들을 실제 진리의 수준으로 끌어올리는 일은 뉴턴의 몫이었다. 뉴턴은 데카르트가 끝낸 그 자리에서, 똑같은 문제들을 가지고 시작하여 '힘'이라는 단일한 원리로 세상을 이해했다. 이런 점에서 데카르트는 뉴턴에게 어떤 방향으로 나아가야 하는가를 보여준 거인이었다.

뉴턴,
거인 위에 올라서다

**자연철학의
기초를 닦다**

뉴턴이 케임브리지를 다니던 1660년대는 과학혁
명의 큰 물결이 한바탕 휩쓸고 지나간 상태였다.
천문학 분야에서는 코페르니쿠스의 책이 나온 지
100년이 지났고, 행성의 운동에 관한 케플러의 세 가지 법칙이
인정을 받고 있었고, 종교재판의 결과에도 불구하고 태양 중심설
을 지지하는 갈릴레오의 발견은 널리 알려져 있었다. 역학에서도
『두 개의 새로운 과학 Discorsi e dimostrazioni matematiche, intorno á due nuove
scienze』을 통해 갈릴레오의 운동 이론이 아리스토텔레스주의 운동
이론을 대체해나가고 있었다. 데카르트의 운동 이론 또한 사람들
입에 오르내리고 있었다. 그러나 이런 바깥 세상의 빠른 변화에
도 불구하고 뉴턴이 다니던 케임브리지는 여전히 아리스토텔레
스주의를 고수한 보수적인 곳이었다. 이곳에서 뉴턴은 거의 스스
로의 노력으로 과학혁명의 성과들을 접하게 된다.

이 시기 뉴턴은 무엇을 공부했을까? 다행스럽게도 뉴턴은 자신이 읽고 생각한 바를 무척 꼼꼼하게 기록으로 남겨 놓았다. 1664년 새 노트에 '철학의 문제들Quaestiones Quaedam Philosophicae'이라고 제목을 붙이고 그 아래 "플라톤은 내 친구이고 아리스토텔레스도 내 친구다. 그러나 나의 가장 좋은 친구는 진리다Amicus Plato amicus Aristoteles magis amica veritas"라고 적어 놓은 것으로 보아 그도 동시대 사람들처럼 플라톤과 아리스토텔레스를 출발점으로 삼았던 것으로 보인다. 게다가 당시 케임브리지는 전통적인 학문인 아리스토텔레스주의를 고수하고 있었으므로 아리스토텔레스의 학문에서 시작했던 것이 아마도 자연스러웠을 것이다.

그러나 그는 곧 아리스토텔레스에 대한 비판적인 입장들을 찾아냈다. 고대의 원자론을 부활시킨 피에르 가상디Pierre Gassendi, 1592~1655의 연구를 접한 것도 이 무렵이었다. 갈릴레오도 뉴턴이 공부한 내용 중에 포함되어 있었다. 1633년 갈릴레오를 종교재판까지 받게 만든 『두 가지의 주된 우주체계에 관한 대화』를 열심히 읽었다. 로버트 보일Robert Boyle, 1627~1691*의 실험철학에 관한 연구들을 접한 것도, 토머스 홉스Thomas Hobbes, 1588~1679*의 자연철학을 만난 것도 이때였다. 그러나 그 무엇보다 중요했던 것은 역시 데카르트가 남긴 저작들이었다.

1663년 뉴턴은 데카르트의 『기하

:: 보일

부피와 압력이 반비례 관계에 있다는 '보일의 법칙'으로 유명한 화학자이자 실험철학의 주창자. 단순한 경험적 관찰에서 벗어나 과학자가 자신의 생각에 따라 조건을 조절할 수 있는 실험이 과학 연구에서 매우 중요하다는 사실을 설파했으며, 고대의 원소개념에서 탈피해 입자의 개념을 바로잡음으로써 18세기 이후 분석화학의 발전을 가능하게 했다.

학^{La Géométrie}』을 공부하기 시작했다. 아무리 뉴턴이라지만 수학의
기본이었던 유클리드의 『기하학원론^{Stoicheia}』도 충분히 공부하지
않은 상태에서 데카르트의 책을 이해하는 것은 쉬운 일이 아니
었다. 처음 몇 쪽을 읽다가 도무지 이해할 수 없어서 다시 처음
으로 돌아가서 읽기 시작하는 일을 수도 없이 반복하면서 뉴턴
은 아주 차근차근 데카르트의 기하학을 소화해나갔다. 반복에
반복을 거듭한 공부는 끈기를 요했지만 그에 대한 보상으로 철
저한 이해를 가능하게 해주었다.

　수학 이외에도 데카르트 공부는 계속되었다. 뉴턴은 '철학의
문제들'이라고 제목을 단 노트에 자신이 공부한 내용을 꼼꼼하게
정리했는데, 거기서 그가 던진 질문은 대부분 데카르트의 기계적
철학에서 다루었던 문제에 관한 것이었다. 그는 물질, 장소, 시
간, 운동의 성질, 우주의 질서, 빛, 색깔, 시각, 감각 등으로 45개
의 소제목을 달아 자신이 공부한 내용을 정리해나갔다.

　그가 노트를 정리하는 방식은 조금 독특했는데, 데카르트나
다른 학자들의 이론을 단순히 질서 있게 정리하는 데 그치지 않고 "만약 데카르트의 이론이 옳다면 이런저런 현상이 나타나야 하지 않을까?"하는 좀 더 적극적인 방식으로 노트를 활용했다. 이론의 옳고 그름을 판가름하는 결정적인 현상들을 찾아내어 질문을 던지는 방식으로 노트의 항목들을 채워나갔다.

∷ 홉스

사회계약론을 주장한 영국의 철학자. 근대
최초의 유물론자로 모든 실재가 운동하는
물질로 구성되어 있다고 주장했으며 자연
을 물체와 그 운동이라는 동력인(動力因)만
으로 설명하려는 자연주의 입장을 취하였
다. 저서로는 『리바이어던 Leviathan』(1651)
이 있다.

케임브리지 시절 확실히 뉴턴은 데카르트에 빠져 있었지만, 맹목적인 데카르트 신봉자가 되지는 않았다. 데카르트가 보여준 세상을 이해하기는 했지만, 데카르트에게서 적당히 떨어져서 그를 비판적으로 바라보았다. 뉴턴이 이렇게 데카르트의 이론을 분석적으로 이해하고 비판할 수 있었던 것은 그가 데카르트와 함께 다른 동시대 학자들의 이론을 폭넓게 공부했기 때문이었다. 특히 가상디의 원자론은 데카르트의 기계적 철학의 장단점을 견주어볼 수 있는 적절한 대안이었다. 가상디는 어떤 고유한 속성도 지니지 않은 물질이 자연현상을 일으킨다는 점에서는 데카르트와 견해를 같이 했지만, 그 물질이 어떤 것인가에 대해서는 입장차를 보였다. 데카르트에게 물질의 본질은 외연으로, 공간과 물질은 구분이 불가능하고 온 우주는 물질로 가득 찬 플레넘이었다. 이에 비해 가상디의 세계에서는 원자라는 더 이상 쪼갤 수 없는 입자가 진공 속을 날아다녔다.

그뿐만이 아니다. 두 사람은 인식론에서도 명백한 차이를 보였다. 데카르트 철학의 시작은 극단적 회의주의를 극복하려는 시도였다. 그는 명징한 사고를 통해 확실한 진리에 도달할 수 있다고 생각했고, 데카르트의 자연철학 연구는 바로 그런 명징한 사고를 보여주는 예시로 제시되었다. 이에 비해 가상디는 극단적 회의론자는 아니지만, 어느 정도의 회의론은 받아들였다. 그는 인간은 자연계의 현상에 대해 이해할 수 있더라도 궁극적인 진리에 도달하는 것은 불가능하다고 생각했다. 오직 신만이 궁극적인 진리를 알 수 있을 터였다.

케임브리지의 신플라톤주의자였던 헨리 모어Henry More, 1614~1687

도 데카르트의 비판자로서 중요한 역할을 했다. 사실 헨리 모어는 뉴턴만큼이나 데카르트의 기계적 철학에 심취했다. 그러나 모어는 데카르트에게서 절대로 동의할 수 없는 부분을 발견하고 그 점에 대해 비판적인 입장을 취했다. 바로 신에 대한 부분이었다. 데카르트 철학에서 신은 자주 언급되었다. 처음 물질에 운동을 부여한 것도 신이고, 인간이라는 자동인형을 만든 이도 신이다. 그러나 기계적 철학에서 신은 창조의 단계에서만 필요하다. 자연은 일단 신이 창조를 하고 난 뒤에는 기계적 원리에 따라 운행된다. 헨리 모어는 데카르트 철학이 신에 대해 갖는 이러한 함의를 받아들일 수 없었다. 그는 데카르트의 기계적 철학이 신을 필요로 하지 않는 기계적 자연주의나 무신론에 빠질 것을 염려

아리스토텔레스의 운동이론 vs 갈릴레오의 운동이론

아리스토텔레스는 세계에 일어나는 모든 운동을 자연스런 운동과 강제운동으로 구분했다. 자연스런 운동은 외부에서 힘이 작용하지 않아도 물체가 움직이는 경우로, 천상계에서 일어나는 행성들의 완벽한 원운동이나 지상계에서 일어나는 물체의 낙하운동이 여기에 해당했다. 반면 날아가는 포탄이나 팽이, 화살의 운동은 외부에서 힘이 작용해야만 일어나는 강제운동에 속했다. 이 경우 물체의 운동을 일으키는 원인이 무엇인가가 아리스토텔레스의 운동체계에서는 매우 중요한 질문이었다.

아리스토텔레스의 운동 체계에 근본적인 문제가 있다고 생각한 갈릴레오는 운동의 원인에 대한 질문을 던지지 않은 채 운동이 어떻게 일어나는가를 수학적(기하학)으로 설명하는 데 주력한 새로운 운동이론을 만들어나갔다. 예를 들어 자유낙하하는 물체의 속도는 물체의 질량에는 관계없고 낙하시간에만 비례한다는 것이나, 자유낙하 거리는 낙하시간의 제곱에 비례한다는 식으로 말이다. 이렇게 운동을 일으키는 원인에 대해 관심을 두지 않게 되

했고, 자연계에서 신과 영혼을 제자리에 올려놓고 싶어 했다. 이런 점에서 그는 물질과 외연, 즉 공간을 동일시하는 데카르트의 물질론에도 이견을 나타냈는데, 모어에게 무한한 공간은 신성이 나타나는 곳으로 여겨졌기 때문이다. 신과 공간을 연결 짓는 모어의 생각은 후에 뉴턴에게도 깊은 영향을 미치게 된다.

결국 뉴턴이 누구보다 데카르트를 철저히 탐독했으면서도 '훌륭한 데카르트주의자'로 머물지 않을 수 있었던 것은 가상디와 모어처럼 데카르트와 다른 이야기를 하는 학자들의 목소리를 귀담아 들어 데카르트에 대해 균형 잡힌 평가를 할 수 있었던 덕분이라고 할 수 있다.

자, 아리스토텔레스 이론의 강제운동과 자연스런 운동의 구분도 자연스레 그 의미가 약해지게 되었다.

이처럼 갈릴레오는 아리스토텔레스 운동이론의 문제점을 지적하고 그 체계를 파괴하는 데 큰 역할을 했지만, 그 체계에서 완전히 벗어나지는 못했다. 그중 관성 개념은 갈릴레오의 혁신과 한계를 동시에 보여주는 예라고 할 수 있다. 그는 물체가 외부에서 아무런 힘이 작용하지 않으면 등속운동을 유지한다는 관성 개념을 제시함으로써 힘이 작용하지 않아도 운동이 이루어질 수 있다는 혁신적인 생각을 했지만, 그 이유에 대해서는 지구가 둥글기 때문에 지구의 표면을 따라 등속 운동을 하면 원운동, 즉 자연스런 운동을 하게 되기 때문이라고 설명했다. 요컨대, 갈릴레오는 여전히 원운동이 자연스런 운동이라는 아리스토텔레스의 생각에서 완전히 벗어나지 못했던 것이다. 아리스토텔레스 체계에서 거의 다 빠져나왔지만, 마지막 다리 하나는 여전히 거기에 남아 있었던 사람이 바로 갈릴레오였던 것이다. 그 마지막 다리까지 빠져나온 사람이 바로 뉴턴이다.

기적의 해

세계를 바꾼 세 개의 사과가 있다. 첫 번째 사과는 성경에 나오는 선악과. 이브가 뱀의 유혹에 넘어가 이것을 따먹으면서 인간의 원죄가 시작되었다고 한다. 두 번째 사과는 트로이 전쟁을 일으킨 사과. '가장 아름다운 분에게'라고 새겨진 이 사과를 헤라, 아프로디테, 아테나가 서로 받겠다고 우기자 세상에서 가장 잘 생긴 인간인 트로이의 파리스에게 그 판정을 맡겼다. 파리스는 가장 아름다운 여성을 얻도록 해주겠다는 아프로디테에게 그 사과를 넘겨주고, 최고의 미녀였지만 또한 유부녀였던 헬레네를 얻어 트로이로 가게 된다. 그것이 발단이 되어 트로이 전쟁이 일어난다. 세 번째는 뉴턴의 울즈소프 집 정원에 열린 사과로, 만유인력을 발견하게 만든 사과다.

1665년, 런던에 페스트가 유행하자 케임브리지는 문을 닫고 학생들과 연구원들을 집으로 돌려보냈다. 케임브리지에서 학위를 받고 연구원이 된 뉴턴도 오랜만에 집으로 돌아왔지만, 그는 집에서도 계속해서 학문적인 문제들을 심각하게 고민했다. 그러던 어느 저녁, 뉴턴은 달의 궤도 운동에 대해 생각하며 집 정원을 거닐다가 나무에서 사과가 떨어지는 것을 보았다. 그 당시의 이야기를 뉴턴의 충실한 기록자이자 조카사위였던 존 콘듀이트 John Conduitt의 입을 통해 들어보자.

1666년, 그는 케임브리지를 떠나 링컨셔에 있는 어머니 집에 머물고 있었다. 정원에서 고민에 빠져있을 때 다음과 같은 생각이 그의 머리에 떠올랐다. (사과를 나무에서 땅으로 떨어뜨리는) 중력의 힘이 지구에서 일정 거리 내로 제한되어 있는 것은 아니지 않을까, 이 힘은 흔히 생각하는 것보다는 훨씬 더 멀리까지 미치지 않을까. 스스로에게 말하길, 달이 있는 곳만큼 높은 곳까지도 영향을 미칠 수도 있을 것 아닌가, 그렇다면 달의 운동에 영향을 미쳐서 달을 그 궤도에 있게끔 하는 것이 아닐까. 그는 이 추측의 결과가 어떻게 되는지 계산하려고 했으나 당장 참고할 수 있는 책이 없었다. 그래서 노우드^{Norwood}가 지구를 측정하기 전까지 지리학자들이나 뱃사람들이 흔히 써왔던 값, 즉 위도 1도는 지구 표면에서 60잉글리시 마일에 해당한다는 값을 사용해서 계산했더니 그의 이론과 잘 맞지 않았다. 그래서 그는 중력의 힘에 더해 달이 소용돌이를 따라 움직일 때 갖게 되는 힘이 있을 거라는 생각을 가지게 되었다.

울즈소프에 있는 뉴턴의 집 |
뉴턴이 만류인력을 발견한 계기가 된 사과 일화로 알려진 곳이다.

달의 궤도까지 중력이 미친다는 생각은 케플러의 세 번째 법칙, 즉 행성 주기의 제곱이 궤도 반지름의 세제곱에 비례한다는 '조화의 법칙'에서 시작되었다. 뉴턴은 케플러 법칙으로부터 행성을 궤도에 붙들어 두는 힘이 태양으로부터의 거리의 제곱에 반비례한다는 사실을 이끌어낼 수 있었는데, 바로 거리 제곱에 반비례하는 만유인력의 정량적인 표현에 도달할 수 있었던 것이다.

이 시기에 울즈소프에서 뉴턴이 알아낸 것은 이것만이 아니었다. 뉴턴의 회고에 따르면 1665년 그는 미적분학에 있어서도 중요한 성과들을 얻었다. 연초부터 급수에 관한 연구와 접선을 긋는 방법을 연구하더니, 11월에는 유동률의 직접적인 방법(미분법)을, 그다음 해 5월에는 유동률의 역방법(적분법)을 알아냈다. 색에 대한 연구도 1666년 초 집중적으로 이루어져 새로운 색 이론을 알아내기도 했다. 후에 뉴턴은 "당시 나는 발견 시대의 최절정에 올라가 있었고, 이후의 어떤 때보다도 더 열심히 수학과 철학(자연철학)에 몰두해 있었다"고 회상했다.

1665년 이제 막 케임브리지를 졸업하고 그 곳의 펠로우가 된 뒤 페스트를 피해 고향에 와있던 23세의 젊은이는 고향에서 머문 두 해 동안 역사를 바꿀 만한 발견들을 줄줄이 해내고 있었다. 유동률로 불리는 뉴턴의 미적분 방법을 알아냈고, 만유인력 아이디어를 끌어냈으며, 또한 빛에 관한 아이디어를 생각해냈다. 런던이 페스트와 화재 속에서 다시 태어난 것을 기려 '기적의 해'라고 불렸던 것처럼, 1665~1666년 두 해 동안 울즈소프의 시골에서는 근대의 자연관이 태어나고 있었다. '기적'이라는 말이 무색하지 않을 정도였다. 이제 뉴턴이 '기적의 해' 동안 착상했던 것들이 어떤 결과물로 자라났는지를 살펴보자.

백색광의 정체를 밝혀라

뉴턴의 빛 연구 역시 데카르트에서 시작했다. 그도 처음에는 빛을 미시적인 입자들의 운동으로 보는 데카르트의 견해에 기울었으나 곧 데카르트와 결별하고, 백색광과 색에 대한 새로운 견해를 제시하게 된다. 여기에는 주의 깊게 고안된 프리즘 실험이 결정적인 역할을 했다. 그러나 뉴턴뿐만 아니라 데카르트나 보일도 모두 프리즘을 이용하여 실험을 했고, 훅Robert Hooke, 1635~1703은 물을 가득 채운 비커로 프리즘과 같은 효과를 내는 실험을 한 바 있다. 그러나 백색광의 정체를 밝혀낸 것은 오직 뉴턴 한 명이었다. 그외 실험 중 어떤

뉴턴의 스펙트럼 | 뉴턴이 프리즘으로 만들어낸 스펙트럼. 원형 구멍을 통과했으나 그 스펙트럼은 길쭉한 타원형으로 나타났다.

부분이 커다란 결과의 차이를 낳은 것일까?

데카르트는 프리즘과 스크린 사이를 불과 몇 센티미터밖에 떨어뜨려 놓지 않은 상태에서 빛의 스펙트럼을 얻어냈다. 훅은 물이 든 비커로부터 60센티미터 떨어진 곳에 스크린을 세웠다. 보일은 마룻바닥을 스크린으로 사용하여 대략 120센티미터 정도의 거리를 확보했다. 뉴턴은 프리즘 실험에서 원하는 현상을 관찰하려면 프리즘과 스크린 사이에 충분한 거리를 확보하는 것이 중요하다고 생각했다. 한쪽 벽면을 스크린으로 만들어서 670센티미터의 거리를 두었더니 이전에는 양 끝에 색을 띤 빛의 점으로만 보였던 스펙트럼이 충분한 거리 덕에 제대로 된 모습을 보여주었다. 특이하게도 둥근 구멍을 통해 들어온 빛의 스펙트럼은 기대했던 둥근 모양이 아니라, 길이가 폭의 다섯 배나 되는 길쭉한 형태로 나타났다. 도대체 이 긴 스펙트럼의 의미는 무엇일까?

그다음에는 색실을 이용한 간단한 실험을 고안했다. 실의 반은 빨간색으로, 나머지 반은 파란색으로 칠한 후에 프리즘으로 그 실을 들여다보았다. 분명히 일직선으로 연결된 실인데도 프

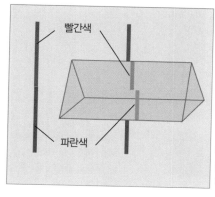

뉴턴의 색실 실험 | 빨간색과 파란색으로 칠한 한 가닥의 실을 프리즘으로 보면 색의 경계가 끊겨 보인다.

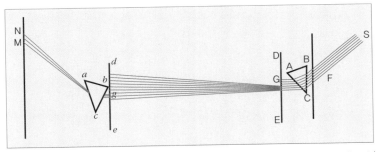

뉴턴의 결정적 실험 | 뉴턴은 빛의 합성과 분해를 반복해서 백색광이 단색광들의 혼합이라는 결론을 얻었다.

리즘으로 보면 빨간색과 파란색의 연결 부위가 끊어진 것처럼 보였다. 잘못 봤나 싶어 눈을 비비고 다시 봐도 마찬가지였다. 뉴턴은 앞선 스펙트럼의 모양과 색실 실험이 색깔에 관해 무엇인가 중요한 사실을 말해주고 있다는 것을 알았다. 그것은 파란색 광선이 빨간색 광선보다 프리즘을 통과할 때 더 많이 굴절한다는 것을 의미했다. 그렇다면 혹시 백색광이 프리즘을 통과하면서 빨주노초파남보로 색깔이 나타나는 것도 굴절률의 차이로 이해할 수 있을까? 만약 이 생각이 맞다면, 굴절률의 차이가 나는 각각의 단색광들은 그 하나하나가 빛을 구성하는 기본적인 단위가 아닐까? 그동안 빛의 기본이라고 여겨왔던 백색광이 오히려 이런 기본 빛들의 결합으로 나타나는 것이 아닐까?

뉴턴에게 색에 관한 질문은 이제 양자택일의 문제가 되었다. 백색광은 여러 가지 단색광들이 섞여서 만들어낸 혼합물인가, 아니면 백색광이 기본이고 오히려 단색광들이 백색광의 변형에 의해 나타나는 것인가? 그는 두 개의 경쟁하는 가설 중에 하나를 골라낼 수 있는 '결정적 실험'을 고안했다.

뉴턴은 위의 그림처럼 창의 구멍 F를 통해 들어온 태양 광선이 프리즘 ABC를 통과하도록 장치했다. 이 프리즘은 축을 중심으로 조금씩 회전시킬 수 있도록 하여 프리즘이 만드는 스펙트럼의 위치를 바꿀 수 있게 했다. 프리즘 뒤에 작은 구멍 G가 뚫린 판지 DE를 설치해서 스펙트럼의 특정한 색, 예를 들면 빨간 광선만이 구멍 G를 통과할 수 있도록 했다. 구멍 G를 통과한 빨간 광선의 스펙트럼은 뒤에 설치된 판지 de의 작은 구멍 g를 통하여 두 번째 프리즘 abc를 통과한 뒤, 뒤쪽 스크린에 NM의 스펙트럼을 만들었다.

데카르트의 말대로 색이라는 것이 빛을 전달하는 입자들이 프리즘이나 물 같은 다른 물질들을 통과하면서 회전속도에 차이가 생겨서, 즉 백색광이 '변형되어' 나타나는 것이라면, 프리즘을 통과할 때마다 빛을 전달하는 입자의 회전속도에 변화가 생겨서 매번 다른 색깔들이 나타나야 한다. 그러나 뉴턴의 생각대로 백색광은 각각의 색에 해당하는 단색광들의 혼합에 의한 것이고 단색광들이 기본 빛이라면 단색광들은 아무리 여러 번 프리즘을 통과해도 색깔이 변하지 않을 것이다.

실험 결과는 예상대로였다. 구멍 G를 통해 빨간 스펙트럼만 통과시키자 빨간빛은 뒤의 프리즘 abc를 통과하고도 여전히 빨간 스펙트럼만 내놓을 뿐이었다. 프리즘 ABC를 조금 돌려서 이번에는 파란 스펙트럼만 구멍 G를 통과시켰다. 역시 스크린에 맺히는 것은 파란색의 스펙트럼뿐이었다. 게다가 빨간 광선이 첫 번째 프리즘 ABC에서 굴절하는 각도는 두 번째 프리즘 abc에서의 굴절각과 동일했다. 파란 광선도 마찬가지로 두 개의 프

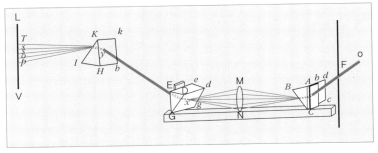

| 뉴턴이 직접 고안한 프리즘 실험의 설계도

리즘에서 동일한 각으로 굴절했다. 이 실험은 빨강, 파랑과 같은 단색광들이 프리즘을 통과해서도 변하지 않는 빛의 기본이라는 생각을 확인시켜 주었다. 또한 단색광들은 프리즘에서의 굴절률 차이로 구분해낼 수 있었다.

백색광이 단색광들의 혼합물이라면 단색광들을 합치면 다시 백색광을 만들어낼 수도 있어야 한다. 이 생각을 검증하기 위해 뉴턴은 또 다른 실험을 고안했다. 이번에도 구멍 F를 통과한 빛은 프리즘 ABC를 지나며 무지개의 스펙트럼을 만들었다. 프리즘 뒤에 뉴턴은 볼록렌즈를 설치한 뒤, 볼록렌즈의 초점에 해당하는 자리 G에 두 번째 스펙트럼 DEG를 놓았다. 그리고 세 번째 프리즘 HIK를 하나 더 설치했다. 첫 번째 프리즘을 통과하면서 만들어진 무지개 스펙트럼은 볼록렌즈를 통과하면서 다시 굴절하여 한 점으로 수렴되어갔다. 수렴되어가는 스펙트럼 빛들은 수렴된 바로 그 위치에 설치된 프리즘 DEG를 통과해도 백색광을 유지했다. 이 빛이 다시 세 번째 프리즘 HIK를 통과하자 무지개 스펙트럼이 다시 나타났다. 뉴턴은 빛의 분해와 합성을 반복해도 빛은 단색광들과 백색광으로 반복해서 나타날 뿐이라는 사실을 입증했다. 이 실험들을 통해 뉴턴은 백색광은 굴절률이 다른 단색광들의 혼합이라는 새로운 빛 이론에 도달하게 되었다.

반사 망원경으로 과학계에 데뷔하다

뉴턴은 자신이 발견한 빛에 관한 새로운 이론을 망원경을 개량하는 데 이용했다. 당시 망원경은 볼록렌즈를 사용한 굴절망원경이었는데, 단색광들의 굴절률의 차이로 인해 렌즈에서 굴절된 빛들이 한곳에 모이지 못하고 파란빛은 더 앞쪽에, 빨간빛은 뒤쪽에 모였다. 이런 색수차 현상* 때문에 굴절망원경으로 물체를 관찰하면 물체가 흐릿하게 보이는 문제점이 있었다. 뉴턴은 새로운 빛 이론에 근거해서 렌즈로는 색수차 현상을 해결할 수 없다고 생각했다. 색수차는 렌즈의 문제가 아니라 빛의 문제였기 때문에 렌즈의 모양을 바꾸거나 재질을 바꾸어도 소용이 없었다. 대신 그는 거울을 이용한 반사망원경 제작에 들어갔다. 후에 조카 사위인 콘듀이트는 뉴턴에게 망원경을 만들 당시의 상황을 물어보았다고 한다.

"아이작, 예전에 왕립학회에 보냈던 그 유명한 반사망원경 있잖아요. 그 생각은 어떻게 해내셨어요?"

"그 무렵 나는 빛에 대한 실험을 많이 했었어. 프리즘이랑 렌즈를 가지고 이것저것 실험을 했었지. 그러다가 사람들이 망원경 성능이 안 좋다는 이야기를 하는 걸 얼핏 들었어. 그걸 내가 했던 실험들과 연결시켜 생각해봤더니 렌즈를 써서는 해결이 안 되겠더라고. 볼록렌즈를 쓰면 단색광들의 굴절률이 달라서 선명

한 상이 나오지 않을 테니까. 렌즈로 안 된다는 건 알겠는데, 그
럼 렌즈 대신 뭘 써야 하나 꽤 오래 고민하다가 오목거울에 생각
이 닿았어. 어차피 렌즈가 하는 역할이란 게 망원경 대통에 들어
오는 빛들을 한곳에 모아주는 거니까 오목거울로 그 역할을 대
신 하면 되겠다 싶었지. 오목거울이야 입사광을 반사만 시키니
까 단색광들이 제각각 굴절할 일은 없을 거 아니야. 그런데 오목
거울을 쓰면 망원경 대통 중간에 상이 생겨버리더라고. 사람이
망원경 대통 안에 들어가서 상을 볼 수도 없고……. 그래서 또
그 문제로 한참 고민을 하다가 아주 간단한 해결책을 생각했어.
평면거울을 통 안에 하나 더 설치해서 오목거울로 모은 상을 90
도 반사시켜주면 되겠더라고."

"아, 그래서 반사망원경은 망원경 대통 끝이 아니라 중간에 상
을 보는 구멍이 만들어진 거군요. 그래서 그 설계를 누구, 솜씨
좋은 장인한테 맡기셨나요?"

"아니, 맡기긴 누구한테 맡겨. 내
가 직접 만들었지."

"그런 솜씨도 있으세요?"

"내가 어려서부터 기계를 얼마나
잘 만들었는데! 울즈소프에 살 땐
가, 그랜섬에 살 땐가 우리 윗동네
에 풍차가 처음 세워졌었지. 어찌나
신기하던지 매일 가서 그걸 구경하
다가 어느 날인가 나도 한번 만들어
봐야겠다는 생각을 했어. 그래서 이

:: 색수차 현상

색에 따라 굴절률이 달라 빨강에 가까운 빛
일수록 초점이 렌즈에서 먼 곳에, 보라에 가
까운 짧은 빛일수록 가까운 곳에 초점이 맺
혀 상이 흐리게 보이는데 이를 색수차 현상
이라 한다.

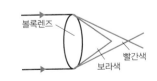

것저것 재료를 모아다가 조그맣게 만들었더니 정말 진짜랑 똑같이 돌아가는 거야. 한동안 그 조그만 풍차로 애들 사이에서 인기 좀 끌었지. 평소에는 나한테 관심 없던 애들까지 그 풍차를 보려고 몰려들었으니까."

"망원경 만드실 때 재료는 어떻게 구하셨어요? 망원경 거울에 쓴 합금은 흔한 것도 아니었다면서요?"

"그 거울, 내가 직접 만들었어. 그것만 만들었나, 망원경 만드는 데 필요한 공구들도 모두 내가 새로 만든 것들이었어. 렌즈 대신 거울을 쓰는 게 좋겠다는 생각은 있었는데, 어디 쓸 만한 거울이 있어야지. 그래서 내가 몇 가지 금속을 섞어서 합금을 만든 뒤에 그걸로 망원경에 쓸 거울을 만들었어. 평면거울은 그래도 괜찮았는데, 오목거울 만들 때가 정말 힘들었지. 오목한 면이 어찌나 만들기 힘들던지."

"합금은 어쩔 수 없었다지만, 공구 정도는 시장의 장인들에게 부탁하셨어도 됐잖아요? 뭘 그런 것까지 손수 만드셨어요?"

"남한테 공구나 물건을 맡기고 가져다주길 기다렸다면 아마 아무것도 만들 수 없었을 거야. 그때는 빨리 만들어야겠다는 생각밖에 없었으니까."

"그래서 처음 만드신 망원경은 성능이 좋았어요?"

"그럼! 망원경의 크기가 약 16센티미터 정도 되었는데 그 조그만 게 배율은 한 40배나 됐지. 굴절망원경으로 그 정도 배율을 내려면 180센티미터 정도는 되어야 했으니까 엄청나게 성능이 좋아진 거였지. 게다가 상도 선명하게 잘 잡혔고. 내가 만들긴 했지만, 어찌나 잘 만들었는지, 케임브리지 여기저기에 자랑을

98 뉴턴 & 데카르트

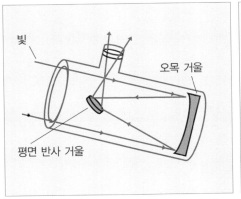

뉴턴의 반사망원경과 그 원리를 나타낸 그림 | 뉴턴은 반사망원경으로 영국뿐만 아니라 유럽의
과학계에까지 이름을 알리게 되었다.

하고 다녔어. 망원경을 설치해서 배로 선생한테도 보여주고. 평
소에 말도 없던 내가 그러고 다녔으니 아마 케임브리지 사람들
도 신기했을 거야."

"그래서 사람들한테 알려졌던 거군요."

"응, 게다가 배로 선생이 소문을 냈거든. 1671년 말엔가, 선생
이 그걸 왕립학회에도 보내셨어. 그쪽 사람들, 그거 받아보고 꽤
놀랐나 봐. 그다음 해 1월에 올덴부르크^{Henry Oldenburg, 1618~1677} 선생
이 나한테 편지를 보냈더라고. 자네 올덴부르크를 알려나?"

"네, 왕립학회에서 처음 간사 맡으셨던 분이지요?"

"응, 그래. 그분도 꽤 부지런한 사람이었지. 누가 뭘 발견했다,
만들었다, 그런 소문만 들리면 올덴부르크 선생은 편지를 써서
그것을 확인하고, 다른 사람들에게도 알리고 그랬으니까. 잠깐
만 있어봐. 그때 받은 편지가 어디 있을 거야. 어디 있더라…….
아, 여기 있네. 한 번 읽어 보게나."

만남 99

선생님께,

선생님의 발명에 감탄하여 일면식도 없는 제가 이렇게 편지를 드리게 되었습니다. 선생님께서는 친절하게도 당신께서 발명하신 망원경의 축소품을 저희 왕립학회의 학자들에게 보내주셨습니다. 광학과 기술에 뛰어나신 몇 분이 그것을 검사해보고서는 무척 칭찬을 하셨습니다. 그분들은 외국인들이 선생님의 권리를 빼앗을 수도 있으므로 이 발명품을 보호하기 위해 조치를 취할 필요가 있다고 생각합니다. 그래서 보내주신 첫 견본품의 효과, 보통 사용하는 크기가 훨씬 큰 렌즈 망원경과의 비교, 모든 부품들에 대한 그림을 통해 그에 대한 체계적인 설명을 작성하려고 합니다. 이 그림들과 왕립학회─얼마 전 새럼 주교bishop of Sarum인 세스 워드Seth Ward, 1617~1689가 선생님을 이곳 회원 후보로 추천했습니다─간사가 마련한 설명을 격식에 맞게 작성하여 파리 호이겐스Christiann Huygens, 1629~1695씨에게 보내겠습니다. 저희는 망원경을 여기서나 혹은 케임브리지에서 봤을 수도 있는 사람이 그 권리를 빼앗는 것을 막을 것입니다. 새로운 발견이나 고안품들을 구경했던 사람들이 자신이 그것을 만든 것처럼 행세하여 실제 발명자에게서 권리를 빼앗는 일이 자주 있으니까요. 그러나 선생님께 알리지 않고 이것을 보내는 것은 적절치 않다고 생각되어, 여기 그려진 대로 그림과 설명들을 선생님께 먼저 보냅니다. 원하시는 대로 더하시거나 수정해주시기 바랍니다. 선생님께서 적절하다고 생각하시는 대로 고쳐서 빨리 제게 보내주시기 바랍니다.

올덴부르크 올림

1672년 무명의 뉴턴은 반사망원경으로 영국뿐만 아니라 유럽의 과학계에까지 이름을 알리게 되었다. 호이겐스는 뉴턴의 망원경을 '훌륭한 망원경'이라고 칭찬했으며 망원경 전문가들인 천문학자들도 뉴턴의 망원경에 깊은 인상을 받았다.

망원경의 성공에 고무된 뉴턴은 색에 관한 자신의 이론을 발표할 결심을 하게 되었다. 1672년 2월 8일, 뉴턴은 「빛과 색에 관한 새로운 이론New Theory about Light and colours」을 왕립학회의 모임에서 발표하고, 이 논문은 같은 달 19일 『철학회보Philo-sophical Transactions of the Royal Society』에 실리게 됐다. 그는 이 논문에 백색광이 굴절률이 다른 단색광들의 혼합이라는 주장과 함께 빛의 입자성에 대한 논의를 포함시켰다. 그런데 이것이 문제를 일으켰다. 빛을 한 덩이의 파동으로 간주하는 펄스Pulse 이론을 제안한 바 있는 훅이 보기에 뉴턴이 제안한 빛의 입자성은 틀린 것이었다. 우리에게 '훅의 법칙*'으로 잘 알려져 있는 로버트 훅은 오랫동안 왕립학회에서 실험 관리자의 일을 했던 사람이다. 1665년 현미경으로 코르크, 눈송이, 작은 곤충을 관찰하여 『마이크로그라피아Micrographia』를 출판하고 망원경 제작에도 힘을 쏟는 등 광학 연구에도 조예가 깊었던 훅은 색도 굴절에 의한 빛의 교란으로 생기는 것이지, 단색광이 기본은 아니라고 주장했다.

사실 뉴턴에 대한 훅의 반론은 심사숙고의 결과로 나온 것은 아니었

:: 훅의 법칙

발견자 로버트 훅의 이름을 딴 법칙으로, 물체에 가해지는 무게와 그로 인해 발생하는 길이 변형량과의 관계를 나타내는 법칙. 일정한 힘의 범위 내에서, 용수철에 힘을 가했을 때 용수철이 늘어나는 길이는 힘에 비례한다는 내용이다.

다. 훅은 실험에 뛰어난 재능이 있고 말솜씨와 글재주가 뛰어났지만, 성급한 면이 없지 않았다. 서너 시간 만에 뉴턴의 논문을 훑어보고 반론을 작성했다. 이에 비해 조심성 많고 지나칠 정도로 완벽주의를 추구했던 뉴턴은 훅의 반론에 답하기까지 3개월이 걸렸다고 한다. 두 사람은 서로 옹호하는 이론도 달랐지만, 성격도 판이하게 달랐던 것이다.

석 달 후 내놓은 답변에서 뉴턴은 빛의 입자성 논의가 자신의 논문에서 그다지 중요하지 않았던 '가설'에 불과하다고 발뺌하면서, 훅이 자신의 논문을 잘못 읽어낸 것이라고 비난했다. 뉴턴은 훅을 논문의 진정한 의미는 읽어내지도 못한 채, 별 의미 없는 가설만 붙들고 트집 잡는 인물로 몰아붙였다. 또한 훅은 색이 굴절에 의해 백색광이 변형되어 나타나는 것이고 망원경도 이 원리에 따라 개량되어야 한다고 이야기했는데, 이에 대해 뉴턴은 "굴절을 이용하여 광학(망원경)을 발전시킬 생각은 제쳐두고 나를 비난할 생각만 하고 있다"며 "한 사람이 다른 사람의 연구 규칙을 정해주는 것은 말도 되지 않는다"고 훅을 역으로 공격했다.

두 사람의 싸움은 쉽게 끝나지 않았다. 1674년, 뉴턴은 본인의 몇몇 논문에서 논의된 빛의 성질을 설명하는 하나의 가설을 발표했다. 이 글에서 뉴턴은 에테르*의 개념을 도입하여 빛의 반사, 굴절을 설명했는데, 에테르의 진동이라는 개념은 훅의 『마이크로그라피아』에서 그 아이디어를 얻은 것이었다. 사실 처음에는 뉴턴도 이 점을 인정하려고 했으나, 발표가 끝나자마자 훅이 일어나서 "그 주된 내용은 『마이크로그라피아』에 포함되어 있으며 뉴턴은 그것을 특수한 사례에 적용한 것에 불과하다"고 반박하자, 처음 먹었던 마음을 접어버렸다. 뉴턴은 훅에 대한 반론문에서 에테르 내의 진동이라는 개념은 누구나 생각해낼 수 있는 상식적인 아이디어이며, 만약 훅의 책에서 발췌한 것이라면 자신의 논문에서 그 증거를 찾아 증명해보라고 반박했다.

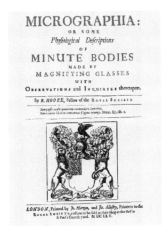

로버트 훅의 『마이크로그라피아』 | 이 책에서 훅은 색도 굴절에 의한 빛의 교란으로 생기는 것이라고 주장했다.

뉴턴은 빛에 대한 훅의 논의들을 데카르트의 이론에 덧칠을 한 정도라고 폄하하기까지 했다. 두 사람 모두 논쟁으로 인해 심각한 상처를 받자 훅은 올덴부르크가 두 사람 사이를 이간질하고 있다고 생각해 뉴턴에게 편지를 보내어 더 이상의 논쟁은 멈출 것을 제안했다. 논쟁이라면 진절머리 치는 뉴턴도 이 제안을 받아들여서 두 사람의 논쟁 1라운드는 막을 내리지만 이후 『프린키피아』를 둘러싼 2라운드로 두 사람의 악연은 이어진다.

뉴턴의 광학 연구는 그 뒤에도 계속되었으나, 1677년 어느 겨울 날, 뉴턴의 숙소에 난 불로 인해 뉴턴의 연구는 한순간에 잿더미가 되었다. 화재와 훅, 두 가지 이유로 뉴턴의 광학 연구는 책으로 출판되지 못했다. 뉴턴의 역작 『광학Opticks』이 출판

:: 에테르

빛을 파동으로 생각했을 때, 이 파동을 전달하는 것으로 가상된 매질. 1905년 아인슈타인의 상대성 이론으로 에테르 가설은 더 이상 필요 없는 것이 되었다.

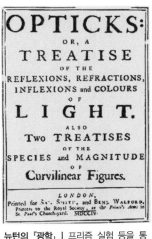

뉴턴의 『광학』 | 프리즘 실험 등을 통해 빛은 서로 다른 굴절률로 구분되는 일곱 가지 단색광들의 혼합으로 이루어져 있다는 주장을 담고 있다.

된 것은 1704년, 훅이 사망한 다음 해였다. 영어로 쓰인 이 책은 앞서 살펴본 프리즘 실험 등을 통해 빛은 서로 다른 굴절률로 구분되는 일곱 가지 단색광들의 혼합으로 이루어져 있다는 주장을 담고 있다. 뉴턴은 '빛과 색의 본성이 작은 입자의 운동인가, 물질의 고유한 속성인가'와 같이 실험으로 확인할 수 없는 문제에 대해서는 거론하지 않은 채, 실험으로 보여줄 수 있는 빛의 속성들만을 다루었다. 이런 점에서 뉴턴은 데카르트가 던진 문제에서 출발했지만 데카르트와는 달리 확인할 수 없는 미시적인 메커니즘을 도입하지 않은 채, 프리즘 실험처럼 눈으로 확인할 수 있는 거시적인 현상들만을 다루었다. 이처럼 검증 불가능한 가설을 도입하지 않는 방법은 뉴턴주의 과학의 특징으로 자리 잡았고, 쓸모없고 소모적인 가설과 독단을 피한 채 생산적이고 해결 가능한 논의에 집중한다는 점에서 뉴턴주의 방법론은 과학을 넘어 다른 학문과 사회가 좇아야 할 모범으로 칭송받게 된다. 뉴턴의 방법론을 사회에 적용하는 일은 볼테르를 비롯한 계몽주의 철학자들의 몫으로 남았다.

천상계와 지상계를 묶는 연결 고리, 『프린키피아』

이제 뉴턴의 가장 유명한 업적인 『프린키피아 Principia』로 넘어가보자. 천체의 운동과 그 원인은 오래 전부터 뉴턴이 붙잡고 있던 관심사였다.

1665년 울즈소프에서 본 사과가 특별한 영감을 줄 수 있었던 것은 뉴턴이 이 문제에 오랫동안 사로잡혀 있었기 때문이다. 그러나 1670년대 광학 연구와 수학 연구에 집중하면서 이 문제에 대한 뉴턴의 관심은 조금 떨어진 상태였다. 1679년 말 훅이 보낸 편지와 핼리혜성의 발견자로 유명한 에드먼드 핼리Edmond Halley, 1656~1742의 1684년 방문은 이 문제에 대한 뉴턴의 관심에 다시 불을 지폈다.

1665~1666년 뉴턴은 데카르트의 기계적 철학의 영향으로 물체의 원심적 경향, 즉 원운동을 하는 물체가 원의 중심에서 멀어지려는 경향을 연구하고 있었다. 원의 내부에 접해서 움직이는 공이 있다면 이 공이 원의 벽에 미치는 압력은 얼마나 될까? 마찬가지로 행성이 타원궤도를 따라 운동할 때 궤도 밖으로 향하는 원심적 경향이 얼마나 될까? 그는 네덜란드의 데카르트주의자 크리스티안 호이겐스가 발표한 원심적 경향의 크기(오늘날의 원심력)와 케플러의 3법칙을 결합하여 타원운동을 하는 행성이 바깥으로 향하는 원심적 경향의 크기가 태양으로부터 거리의 제곱에 반비례한다는 것을 알아냈다. 수식으로 표현된 형태로만 보자면 이때 이미 만유인력의 법칙을 알아냈다고 할 수 있다. 그러나 이 당시 뉴턴의 머릿속에 들어 있던 아이디어는 만유인력이 갖추어야 할 중요한 특징들을 담고 있지 않았다. 그것이 운동을 일으키는 동적인 힘이라는 생각 대신 행성을 그 궤도에 붙들

어놓는 정역학적인 개념으로 이해하고 있었고, 또한 태양과 행성 모두에 미치는 한 쌍의, 방향만 반대인 힘이라는 생각도 들어 있지 않았다. 방향 또한 태양을 향하는 것이 아니라 궤도 바깥쪽을 향하고 있었다.

1679년 훅이 보낸 편지는 뉴턴의 오래된 관심사를 되살리는 계기가 되었다. 왕립학회 간사였던 훅은 빛에 대한 논쟁 이후 끊어졌던 편지 교환을 재개하자고 제안했다. 그러면서 그는 원운동을 새롭게 분석하는 자신의 가설에 대해 뉴턴의 견해를 물어왔다. 데카르트 철학에서 원운동은 원의 중심을 향하는 구심적 경향과 바깥으로 나가려는 원심적 경향이 평형상태를 유지하여 일어나는 정역학적인 현상으로 이해되고 있었고 뉴턴도 이 생각을 공유하고 있었다. 이에 비해 훅은 직선을 기본으로 하여 물체의 원운동을 분석했다. 직선운동하는 물체에 어떤 작용을 하면 원운동이 나타날까? 이 물체에 원의 중심으로 향하는 힘을 작용하면 물체의 운동 방향이 살짝 원의 중심을 향한 채 새로운 직선운동을 하게 된다. 여기에 또다시 원의 중심 방향으로 힘을 작용하면 물체의 궤도는 다시 한 번 휘면서 새로운 직선운동이 생긴다. 이것을 같은 크기로 반복하면 직선으로 움직이려는 물체는 계속해서 방향을 바꾸게 되고 이것이 원운동으로 나타나게 되는 것이다. 훅은 원운동이란 직선으로 운동하려는 물체에 원의 중심으로 향하는 힘이 끊임없이 작용하여, 직선 궤도가 끊임없이 휘는 것으로 이해했다. 즉, 원운동을 원궤도에 접하는 방향으로 일어나는 직선운동과 그것을 휘게 하는 힘이 결합되어 나타나는 것으로 파악했던 것이다. 뉴턴은 서신 교환을 재개하자는 훅의 제안은 정중히 거절했지만, 원운동을 새롭게 분석한 훅의 아이디어는 뉴턴을 데카르트주의 원심적 경향에서 벗어나게 도와주었다.

1684년 왕립학회에서 크리스토퍼 렌^{Christopher Wren, 1632~1723}, 핼리, 훅 세 명이 모여 행성에 작용하는 힘으로부터 행성의 궤도를 구하는 문제에 대해 토론하고 있었다. 그들은 태양으로부터의 거리의 제곱에 반비례하는 힘이 작용한다면 행성의 궤도는 어떤 모양을 그릴까에 대해 토론했으나 누구도 속시원하게 답을 내놓지 못하고 있었다. 훅은 역제곱에 반비례하는 힘에서 천체의 운동 법칙을 끌어낼 수 있다고 주장했지만 그 자리에 있었던 렌이나 핼리는 그 주장에 회의적이었다. 훅이 실험에 뛰어난 재능이 있기는 했으나 천체의 운동 법칙을 끌어낼 만큼의 수학 실력을 갖추고 있지 못한 것을 이미 그들도 알고 있었다. 핼리는 솔직하게 한번 시도해 보았으나 성공하지 못했다고 실패를 자인했고, 렌도 진즉에 역제곱 법칙까지는 도달했으나 그 이상 나아가지 못하고 있었다.

1684년 8월, 케임브리지로 간 핼리는 뉴턴에게 "태양을 향하는 인력이 태양과 행성 사이의 거리의 제곱에 반비례한다고 가정하면 행성이 그리는 곡선은 어떤 모양일까?"라는 질문을 던졌다. 뉴턴은 잠시의 고민도 없이 "타원"이라고 대답했다. 놀란 핼리가 어떻게 확신하냐고 묻자 뉴턴은 이미 계산을 해보았다고 태연히 말했다. 그러나 계산지를 보여달라는 요청에는 찾을 수 없다며 나중에 보내주겠다고 대답했다. 사실 뉴턴은 이때 계산지를 찾을 수 없었던 것이 아니라 주고 싶지 않았던 것이라고 한다. 뉴턴의 성격답게 이것으로 다시 여러 사람과 시끄러운 논쟁이 벌어질까 걱정했던 것이다. 핼리의 성화에 의한 것인지, 아니면 뉴턴 자신이 꼼꼼하게 원논문을 보정했기 때문인지, 그해 11월 뉴턴은 9쪽짜리 논문 「물체의 궤도 운동에 관하여 De motu corporum in gyrum」를 핼리에게 보냈다.

이것이 시작이었다. 핼리가 방문한 때부터 1686년까지 뉴턴은 오직 이 문제에만 몰두했다. 밥을 먹거나 잠을 자는 일 따위는 안중에도 없었다. 그 결과 1686년 4월 뉴턴은 『자연철학의 수학적 원리 Philosophiae Naturalis Principia Mathematica』(이후 프린키피아) 1권을 왕립학회에 제출하게 된다. 1권이 나오자 다시 훅과의 악연이 반복되었다. 훅이 거리의 제곱에 반비례하는 힘이라는 개념에 대해 권리 주장을 하고 나섰던 것이다. 광학 논쟁 때와 마찬가지로 뉴턴은 매우 분노하여 훅의 공을 인정했던 부분들을 삭제하거나 훅에 대한 표현을 '저명한 훅'에서 '훅'으로 낮추었다. 또 핼리에게는 천체의 운동을 다룬 3권을 출판하지 않겠다고 고집을 부렸다. 핼리는 고집불통에 괴팍하기까지 했던 뉴턴을 다룰 줄 아는 얼마 안 되는 사람 중의 하나였다. 그는 편지를 보내 화가 난 뉴턴을 달랬다.

> 선생님, 너무 노하셔서 저희들에게서 세 번째 책을 빼앗아가시는 일이 생기지 않도록 다시 한 번 간청드리는 바입니다. 선생님께서 적어주신 것에서 추측해보건대, 그 책에는 수학적 원리를 혜성의 이론에 적용하는 것과 또 몇몇 흥미로운 실험이 실릴 것 같았는데, 선생님께서는 그 책을 꼭 쓰셔야 합니다.

핼리의 수고로 총 3권의 『프린키피아』 원고가 나왔으나 이번에는 왕립학회의 열악한 재정이 문제를 일으켰다. 출판을 책임지기로 한 왕립학회가 재정 상태가 악화되어 도저히 감당할 수 없을 지경에 이른 것이다. 다시 핼리가 나섰다. 핼리는 자비를 들여 뉴턴의 책이 출판되도록 했고 출판의 전 과정을 본인이 직접 관리했다. 후에 핼리는 '자신

에드먼드 핼리 | 핼리혜성 발견자로 유명한 에드먼드 핼리는 자신을 '아킬레우스를 길러낸 오디세우스'라고 불렀다.

이 아킬레우스를 길러낸 오디세우스'라고 스스로 말하기를 즐겼다는데, 아마도 핼리가 없었다면 뉴턴의 책은 세상에 알려지지 않았거나 뉴턴의 사후에나 출판되었을 것이다.

1687년 출판된 『프린키피아』는 1704년 나올 『광학』과는 완전히 다른 형식의 책이었다. 영어 대신 라틴어로 씌어졌으며, 유클리드의 『기하학원론』을 따라 정의, 공리, 법칙, 정리, 보조정리, 명제로 나아가는 형식을 채택했다. 『자연철학의 수학적 원리』라는 제목이 말해주는 것처럼, 에세이 형식이 주를 이루던 당시의 일반적인 자연철학 책의 형식을 따르기보다는 수학책의 형식을 따랐으며, 서문에서는 자신의 방법론이 현상에서 수학적 형태로 표현된 힘을 발견하고 이 힘을 이용해서 다른 현상을 설명하는 것에 있다는 것을 강조했다. 그 내용도 상당 부분은 복잡한 기하학적 증명 일색으로, '수학을 겉핥기로 아는 소인배들이 꾀는 것을 피하기 위해서' 뉴턴이 이 책을 난해하게 만들었다는 말이 돌

정도로 어려웠다.

이 어려운 책의 1권과 2권에서 뉴턴은 수학적으로 가정된 힘이 물체에 주어질 때 일반적인 물체들이 어떻게 운동하는지에 대한 운동 법칙을 설명했다. 이것이 우리에게 잘 알려진 관성의 법칙, 운동의 법칙, 작용·반작용의 법칙이다.

뉴턴의 유명한 세 가지 운동 법칙은 갈릴레오나 데카르트와 같이 그를 앞서 갔던 '거인들'의 어깨에 올라서 있었기에 나올 수 있었던 것이었다. 그러나 뉴턴 스스로도 또 한 명의 '거인'이 었기에, 뉴턴의 운동 법칙들은 앞선 학자들의 것을 바탕으로 하고 있으면서도 그것과는 다른 특징들을 지니고 있다. '관성의 법칙'은 데카르트의 자연의 법칙, 즉 "모든 물체는 다른 물체가 충돌해서 상태를 변화시키지 않는 한, 똑같은 상태로 남아 있다"는 직선 관성 개념에서 나온 것으로, 뉴턴의 세 가지 법칙 중에서 앞선 학자들의 생각을 가장 많이, 그리고 별 수정 없이 받아들인 법칙이다. 이에 비해 물체가 받는 힘은 물체의 질량과 가속도의 곱으로 표현된다는 뉴턴의 제2법칙은 데카르트에서 출발했으나 데카르트를 벗어난 모습을 보여주는 법칙이라고 할 수 있다. 데카르트에게서 물체가 운동하는 가장 중요한 원인은 충돌이었다. 뉴턴에게도 물체의 충돌은 여전히 중요한 현상이지만, 뉴턴의 제2법칙은 물체의 운동 원인을 충돌 대신 '힘'에서 찾고 그것의 크기를 표현한 것이다. 이로써, 데카르트식의 충돌은 힘의 작용으로 인해 일어나는 물체의 여러 운동 현상 중 하나로, 그러나 여전히 중요한 현상으로 다시 자리매김하게 되었다. 마지막, '작용·반작용 법칙'은 뉴턴의 법칙 중 가장 독특한 것으로, 두 물체가 서로 힘을 미칠 때 한 물체가 받는 힘은 다른 물체가 받는 힘과 크기는 같지만 방향은 반대라는 것이다. 이 법칙은 서로 힘을 미치는 두 물체 사이에 작용하는 힘의 관계를 규정한 것으로, 만유인력과 함께 힘의 작용을 '한 쌍'으로 다루는 매우 독특한 특징을 지니고 있다.

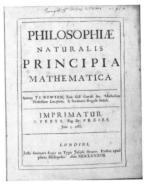

만유인력이라는 힘과 몇개의 운동원리로 지상과 천상의 모든 운동을 설명한 『프린키피아』

운동을 지배하는 세 가지 법칙을 정립한 후, 뉴턴은 이를 토대로 물체의 운동을 분석했다. 제1권에서는 진공상태에서 물체의 운동이 어떻게 이루어지나, 즉 물체가 받는 힘에서부터 시작하여 가속도, 속도, 운동 거리를 분석했다. 제2권은 매질로 가득 찬 공간 안에서 물체의 운동을 다루었는데, 이는 당시의 지배적인 과학 이론이었던 데카르트의 소용돌이 이론에 대한 비판을 겨냥한 것이었다. 데카르트의 꽉 찬 공간, 플레넘과 같이 매질로 찬 공간에서는 매질로 인해 받는 저항이 도입되면서 물체의 운동을 분석하는 일은 진공에서보다 훨씬 복잡해졌다. 사실 『프린키피아』 전체가 데카르트에서 시작하여 데카르트의 체계를 뛰어넘으려는 시도라고 볼 수 있는데, 『자연철학의 수학적 원리』라는 제목부터 데카르트의 『철학의 원리 Principia philosophiae』를 염두에 두고 만들어진 것이었다. 뉴턴은 데카르트의 소용돌이는 결국 소멸되고 만다는 점을 지적하고, 소용돌이 이론이 천체의 운동을 제대로 설명하지 못하는 점 또한 비판했다.

제1법칙 : 관성의 법칙

외부로부터 힘이 작용하지 않으면 물체의 운동 상태는 변하지 않는다. 즉, 등속직선운동을 하던 물체는 계속 직선운동을 하고, 정지해 있는 물체는 계속 정지 상태를 유지한다.

제2법칙 : 운동의 법칙(F=ma)

물체의 운동에서 나타나는 시간적 변화(가속도)는 물체에 가해지는 힘의 방향으로 일어나고 힘의 크기에 비례하여 나타난다.

제3법칙 : 작용·반작용의 법칙

두 물체가 서로 힘을 미칠 때, 한 물체가 다른 물체에 미치는 힘(작용)은 그 물체가 다른 물체에게서 받는 힘(가반작용)과 크기는 같고 방향은 반대이다.

제3권에서는 천체역학을 다루고 있는데, 뉴턴은 앞서 제시한 운동의 법칙을 천상계에 적용했다. 그는 두 물체 사이의 거리(R) 제곱에 반비례하고 각각의 질량(M, m)에 비례하는 만유인력 universal gravitation($F=GMm/R^2$)을 도입했는데, 이는 지상계든 천상계든 어느 곳에서나 존재하는 만유萬有의 보편적인universal인 힘이었다. 만유인력이라는 힘과 몇 개의 운동 법칙을 바탕으로 자유낙하는 물론이고, 지구와 행성의 궤도운동, 달이나 혜성과 같은 천체의 운동까지 설명해냈다. 즉 천상계의 천체들 사이에, 지상계의 물체들 사이에, 천상계와 지상계의 물체들 사이에 작용하는 가장 근본적인 힘의 원리를 수학적으로 설명하는 데 성공한 것이다. 뉴턴은 이를 통해 아리스토텔레스주의에서 엄격하게 구분되었던 천상계와 지상계를 하나로 묶어냈다.

뉴턴의『프린키피아』는 코페르니쿠스 이후 시작된 과학혁명의 성과를 한데 모으는 역할을 했다. 코페르니쿠스에서 시작하여 케플러, 갈릴레오를 통해 발전된 천상의 태양중심설과, 갈릴레오, 데카르트, 호이겐스가 이룩한 지상의 역학이 뉴턴의『프린키피아』에서 하나가 되었다. 뉴턴은 천상계의 달과 지상계의 사과, 어디에서나 작용하는 만유인력으로 하늘과 땅, 두 세계를 동일한 원리에 따라 움직이는 하나의 세계로 묶어내는 데 성공한 것이다. 이로써 중세 이래로 계속되었던 천상계와 지상계의 구분에서 벗어나 단일한 시각으로 세상을 파악할 수 있게 되었다.

뉴턴주의 방법론

『프린키피아』와『광학』으로 고전역학과 광학의 기초를 놓은 뉴턴의 업적은 특정 과학 분야의 이론만을 제시하는 데 국한된 것이 아니었다. 이 저서를 통해 그는 어떤 방식으로 과학을 해야 하는가의 모델을 제시했고, 그의 업적은 물리학이나 천문학의 영역을 뛰어넘어 과학 전 분야에 영향력을 발휘했다. 흥미로운 점은『프린키피아』와『광학』에서 보여준 방법이 매우 달랐다는 점이다.『프린키피아』에서는 난해하다는 평을 들을 정도로 어려운 기하학을 끌어들이고 수학 책에서나 볼 법한 정의, 정리 등의 형식을 도입하여 자연을 수학적으로 다루는 방법을 제시한 반면,『광학』에서는 프리즘과 렌즈를 사용하여 실험의 모델을 보여주었다. 그러나 18세기 사람들은『프린키피아』의 수학적 방법과『광학』의 실험적 방법 간의 차이에 대해 크게 고민을 하지 않았다. 그들은 때로는 수학적 방법을, 때로는 실험 방법을 채택해 사용하면서 자신들을 뉴턴 과학의 방법을 따르는 뉴턴주의자들로 자랑스럽게 내세웠다.

뉴턴이 제시한 과학의 방법 중에 또 하나 주목할 것이 가설과 관련된 부분이다. 데카르트를 뛰어넘고자 했던 뉴턴은 데카르트의 기계적 철학에 등장하는 미시적 메커니즘을 배격했다. 즉 데카르트의 자석에 대한 설명이나 소용돌이 이론과 같이 실험이나 관측에 의해 검증할 수 없는 설명을 '가설^{hypothesis}'이라고 부르며, 참된 과학은 눈에 보이는 현상을 이해하는 데 만족해야 하고, 실험을 통해 입증할 수 없는 가설을 세워 그 현상의 본질이나 원인을 설명하는 것은 피해야 한다는 입장을 제시했다. 이런 의미에서 뉴턴은 중력이라는 힘의 원인을 파악하려고 하지 않았다. 『프린키피아』에 나온 "나는 가설을 세우지 않는다"는 유명한 구절과 "철학의 임무 전체가 이것(운동의 현상들로부터 자연의 힘을 탐구하고, 그 힘으로부터 다시 현상들을 보여주는 것)으로 이루어져 있는 것으로 보이기 때문이다"라는 말은 뉴턴의 과학 방법을 명시적으로 드러내준다. 이렇게 실험이나 관찰에 기초하지 않은 가설이 허용되어서는 안 된다는 뉴턴의 입장은 이후 그의 방법을 따르는 과학자들의 슬로건이 된다.

뉴턴 이전에 이미 코페르니쿠스, 케플러, 갈릴레오, 데카르트, 훅, 보일, 가상디 등 무수한 인물들이 아리스토텔레스 자연철학을 대체할 이론들을 조각조각 만들어가고 있었다. 어떤 조각은 꽤 커서 그 안에 들어있는 그림의 의미를 알 수 있는 정도였고, 어떤 조각은 작아서 다른 조각과 만났을 때에야 비로소 그 의미를 파악할 수 있었다. 뉴턴은 그렇게 흩어져 있는 퍼즐 조각을 맞춰서 하나의 커다란 그림으로 만들어냈다. 그가 그런 일들을 할 수 있었던 것은 충분할 정도의 퍼즐 조각들이 준비되어 있었기 때문이기도 하지만, 더 중요한 것은 그가 조각들이 하나로 맞춰졌을 때 어떤 그림이 나올까에 대한 상을 가지고 있었기 때문이다. 그렇기에 미처 준비되지 않은 조각들이 어떤 모양일지 예측할 수 있었고, 만들어낼 수 있었고, 그림을 완성할 수 있었다. 뉴턴이 없었다면, 혹은 뉴턴이 아닌 다른 사람이 그 일을 했다면 지금 우리는 아마도 지금과는 다른 퍼즐 그림을 보고 있을지도 모른다.

뉴턴,
스스로 거인이 되다

　뉴턴의 과학과 방법론, 즉 뉴턴주의 세계관의 파급력은 유례가 없는 것이었다. 물리학에서 수많은 인재들이 뉴턴의 뒤를 이어 그가 남겨놓은 문제들을 풀거나 그의 과학을 세련된 형태로 정리하였는데, 이는 다시 뉴턴 과학으로 흡수되어 뉴턴주의를 발전시키는 데 일조했다. 뉴턴의 방법은 모든 학문과 심지어 사회가 적극 따라야 할 모범으로 칭송받았고, 심지어 뉴턴주의라는 이름 아래서 아이들의 도덕교육까지 이루어졌다. 뉴턴이라는 이름이 합리성과 권위의 상징으로 자리잡게 된 것이다.

　어떻게 과학 밖에서까지 이런 일이 가능했을까? 뉴턴이 이룩한 업적의 탁월성만으로 이것이 가능할 수 있었던 것일까? 뉴턴과 뉴턴주의가 얻게 된 권위의 대부분은 그의 과학 연구의 특출함으로 설명될 수 있지만, 그것만으로는 충분하지 않다. 이렇게 되기까지는 본인과 자신이 만든 과학의 사회적 권위를 세워나갔던 뉴턴의 노력도 필요했다. 자, 이제부터 과학자 뉴턴을 뒤로 하고 현실감각 뛰어났던 정치가 뉴턴의 모습을 살펴보자.

『프린키피아』로 스타덤에 오른 뉴턴

1687년 『프린키피아』가 출판된 후 이 책에 대한 반응이 여러 곳에서 나왔다. 영국에서는 왕립학회를 중심으로 책에 대한 호의적인 반응들이 터져나왔다. 대륙 프랑스의 반응은 이와는 좀 차이가 났는데, 프랑스의 데카르트주의자들은 뉴턴의 만유인력에 대해 강한 거부감을 표시했다. 뉴턴의 만유인력은 두 물체가 서로 접촉을 하지 않아도 힘이 작용하는데, 이는 데카르트가 기계적 철학을 통해 제거하려고 했던 마술적인 힘, 초자연적인 힘을 연상시켰기 때문이다. 그러나 이런 거부감에도 불구하고 뉴턴의 『프린키피아』가 이룩한 성과에 대한 찬사는 아끼지 않았다.

책이 출판된 그해, 영국 왕립학회 회보에 『프린키피아』의 서평이 실렸다. 익명의 저자는 뉴턴의 업적을 유례가 없는 대단한 것으로 평가했다.

이 책에서 그는 지성의 힘이 어느 정도까지 미칠 수 있는지에 대해 훌륭한 예를 보여주었습니다. 그는 자연철학의 원리가 무엇인지를 확실히 보여주었고, 그것으로부터 결과를 이끌어냈습니다. 또한 자신의 논증을 아낌없이 모두 보여주어서 후대

파올로치 경이 윌리엄 블레이크의 그림을 패러디해서 만든 뉴턴의 조각상. 대영 도서관의 입구를 과학자가 차지하고 있다는 점에서 뉴턴이 영국 사회에서 지니는 상징성을 엿볼 수 있다.

사람들이 할 일을 별로 남겨놓지 않았습니다. ……지난 논쟁
에서도 드러났고 여기서도 밝혀진 것처럼 이토록 많은, 그리고
매우 가치 있는 철학의 진리가 단 한 사람의 능력과 부지런함
에 의해서 이루어진 예는 없다고 해도 과언이 아닐 것입니다.

이 서평은 자비를 들여가며 『프린키피아』의 출판을 도왔던 헬
리가 쓴 것이 거의 확실하다고 하는데, 그런 점에서 서평에 나
타난 극찬을 액면 그대로 받아들이기에는 조금 의심스러운 면
도 없지 않다. 그러나 이 서평을 제쳐두고라도, 그 다음 해 유럽
대륙에서 나온 반응은 『프린키피아』의 여파를 짐작할 수 있게
해 준다. 1688년 봄과 여름 동안 유럽 대륙에서 인정받던 서평
잡지 세 곳에서 일제히 뉴턴의 책에 대한 서평을 실었다. 그중
여전히 데카르트주의가 강했던 프랑스의 저널 『드 사방^{des}
^{Savants}』에 실린 서평은 뉴턴의 만유인력 개념에 대해서는 강하게
반대하면서도, 『프린키피아』에 대해서는 "우리가 상상할 수 있
는 가장 완벽한 역학"이라는 평을 했다.
유럽의 학자들도 속속 뉴턴의 『프린키피아』에 대해 반응을 보

였다. 데카르트의 계승자 호이겐스 역시 다른 데카르트주의자들처럼 뉴턴의 만유인력 개념에 대해서는 터무니없는 것이라며 반대했지만, 『프린키피아』에서 '아름다운 발견들'을 보고 그에 대한 칭찬을 아끼지 않았다.

라이프니츠 Gottfried Wilhelm von Leibniz, 1646~1716 는 뉴턴이 중력 법칙을 알아냈으면서도 그것의 원인을 찾으려고 하지 않은 것에 당혹해했지만, "『프린키피아』는 천재적인 인간이 만든 것 중에서도 가장 독보적인 것"이라며 책의 가치를 높이 평가했다.

존 로크 John Locke, 1632~1704 는 망명지 네덜란드에서 『프린키피아』를 공부했는데, 거기에 실린 수학이 너무 어려워서 도무지 이해할 수가 없었다. 그는 호이겐스에게서 그 안에 있는 수학 내용이 모두 맞다는 보장을 받은 후에 수학이 없이 설명들로 이루어진 부분만을 공부했다고 하는데, 이것만으로도 그는 뉴턴의 위대성을 인식했다.

명예혁명으로 1689년 영국에 돌아가게 된 로크는 펨브로크 백작의 집에서 뉴턴을 만나게 되었다. 뉴턴에 대한 로크의 존경심과 더불어, 두 사람은 성서 해석에 대한 관심을 공유해서 금세 절친한 사이가 되었고, 로크는 1690년 『인간의 이해력에 관한 에세이 An Essay Concerning Human Understanding 』(보통 『인간오성론』으로 번역된다)의 서문에서 뉴턴을 칭송하기까지 했다. 로크가 뉴턴을 얼마나 좋은 친구로 여겼는지,

:: 존 로크

계몽철학 및 경험론철학의 원조로 일컬어지는 영국의 철학자이자 정치사상가. 독일 체류 중 샤프츠베리 백작을 알게 되어 그의 시의(侍醫) 및 고문이 되었으나 백작이 실각하면서 반역죄로 몰려, 1683년 네덜란드로 망명. 귀국 후 「사회계약설」을 전개했다.

■■ 『프린키피아』는 인간이 해낸 일이라는 것을 의심하게 만들 정도로 위대한 일이었으며 모든 사
람들이 저자의 위대함에 이의를 제기하지 않았다.

뉴턴이 정신질환으로 로크를 의심하며 격렬히 비난하는 편지를 보내고 로크의 편지에 답장조차 보내지 않았을 때도 로크는 뉴턴을 비난하거나 억울해하지 않았다.

유럽 학자 중에서도 로피탈 후작Marguis de l'Hopital, 1661~1704의 반응은 매우 인상적이다. 영국에서 온 존 아버스넛John Arbuthnot, 1667~1735 박사에게서 『프린키피아』 소식을 전해들은 로피탈 후작은 그 탁월성에 놀라 뉴턴의 머리 색깔은 어떤지, 우리처럼 먹고 마시는지, 성격은 어떤지 등을 세세하게 물었다고 한다. 확실히 『프린키피아』는 먹고 마시고 자는 인간이 해낸 일이라는 것을 한번 의심하고 싶도록 만들 만큼 위대한 것이었다.

『프린키피아』에 제시된 세계상에 모든 사람들이 동의했던 것은 아니었지만, 그 책을 읽은 대부분의 사람들은 저자의 위대성에는 이의를 제기하지 않았다. 뉴턴은 『프린키피아』와 함께 유럽 과학계의 스타가 되었다.

뉴턴, 의회에 진출하다

아이러니하게도 『프린키피아』를 통해 학자로서의 절정에 올라간 바로 그 무렵부터 뉴턴의 삶의 방향은 학자에서 정치인으로 변하게 된다. 변화는 책이 출판된 1687년 시작되었는데, 영국의 해묵은 종교 갈등이 그 시작이었다.

볼테르가 극찬한 것처럼 30개의 종교가 평화롭게 공존하게 되기까지 영국도 유럽의 다른 나라들처럼 갈등과 전쟁, 정치적 혼란을 겪었고 그 와중에 많은 피를 보는 내전을 겪었다. 1680년대, 표면상으로 내전은 끝났지만, 종교적인 갈등은 아직도 아슬아슬한 뇌관으로 남아있었다.

제임스 2세 James II, 재위 1685~1688는 아버지 찰스 1세 Charles I, 재위 1625~1649와 형 찰스 2세 Charles II, 재위 1660~1685를 따라 영국을 가톨릭의 나라로 되돌리려는 노력을 포기하지 않았다. 뉴턴이 정치적인 일에 참여하게 된 계기는 바로 이런 영국의 오래된 종교적 갈등 속에 있었다.

🌀 청교도혁명과 왕정복고

헨리 8세(Henry Ⅷ, 재위 1509~1547)와 에드워드 6세(Edward Ⅵ, 재위 1547~1553), 엘리자베스1세(Elizabeth Ⅰ, 재위 1558~160)를 거치면서 영국국교회가 자리를 잡아가기 시작했지만 그 중간중간 영국인들도 심각한 종교적 갈등을 겪어야 했다. 영국국교회는 헨리 8세가 첫 번째 부인 아라곤의 캐서린(Catherine of Aragon, 1485~1536)과 이혼하려고 했던 것이 발단이 되어 시작되었다. 이혼당한 캐서린의 딸 메리(Mary Ⅰ, 재위 1553~1558)가 여왕이 되었을 때 메리는 영국을 다시 가톨릭의 나라로 되돌리려고 하면서 비가톨릭 신자들을 죽음으로 몰아 "피의 메리(Bloody Mary)"로 불리기도 했다. 메리에 이어 왕위에 오른 엘리자베스의 시대에 영국국교회는 다시 평온을 찾았으나, 여왕이 후사 없이 죽고 스코틀랜드 왕국의 스튜어트 왕조가 그 뒤를 이으면서 종교 갈등은 심화되었다.

스튜어트 왕조 출신의 왕들은 독실한 가톨릭 신자들로, 영국을 로마 교황청으로 다시 돌리려고 했다. 이로 인해 왕과 의회 사이의 충돌이 잦아지면서 영국은 내전(Civil War, 1642~1651)을 겪고 국왕 찰스 1세는 재판에서 사형을 선고받고 처형되었다. 크롬웰(Oliver Cromwell, 1599~1658)의 공화정을 거쳐 1660년 프랑스에 망명해 있던 찰스 2세가 다시 왕위에 오르면서 영국은 왕정복고기를 맞이하게 된다. 아버지 찰스 1세의 처형과 망명지에서의 설움을 잊지 못했던 찰스 2세는 이미 죽어 웨스트민스터 사원에 묻혀 있던 크롬웰의 시체를 꺼내 그 목을 몇십 년 동안 웨스트민스터 홀의 꼭대기에 걸어놓았다고 한다.

케임브리지 대학에 제임스 2세의 명령이 내려왔다. 왕은 자신이 보내는 베네딕트회 수도사 알반 프란시스^{Alban Francis}에게 수업도 서약식도 없이 학위를 수여할 것을 명했다. 이전에도 수도사들에게 명예 학위를 수여하는 일은 종종 있었으나 이번에는 경우가 약간 달랐다. 명예 학위를 받은 사람들은 학위를 받은 후 곧 케임브리지를 떠났으므로 대학의 일에 관여하는 일이 없었다. 그러나 왕은 프란시스가 학위를 받은 후에 케임브리지에 남아서 학사 업무에 참여하는 것을 요구했던 것이다. 즉, 왕은 프란시스를 자신의 대리자로 보내서 국교회를 신봉하는 케임브리지를 가톨릭으로 바꾸려는 계획을 세우고 있었다.

당연히 케임브리지 사람들은 왕의 요구에 강하게 반발하며 학위 수여를 거부했다. 자신의 요구가 받아들여지지 않자 왕 또한 화가 나서 케임브리지 대표자를 런던의 성직위원회 법정으로 불러들였다. 뉴턴은 법정에 출두할 여덟 명의 대표 중의 한 사람으로 뽑혀서 이 문제에 관여하게 되었다. 왕과 충돌할 것을 걱정한 총장은 대표들이 법정으로 떠나기 직전 타협안을 제시했다. 예외라는 것을 밝혀두고 프란시스에게만 학위를 주는 것에 모든 사람들이 동의한다는 문서를 작성했던 것이다. 그렇지 않아도 법정에서 어떻게 할 것인가 걱정하고들 있던 상황이라 대세는 총장의 타협안으로 기울어져 가고 있었다.

바로 이 때 뉴턴이 앞으로 나섰다. 모두들 총장의 중재안을 마음에 들어하지 않으면서도 누구도 나서지 않으려고 하던 그 순간 뉴턴은 테이블에서 일어나 그 주위를 몇 바퀴 돌며 고민했다. 그러고는 총장 속관에게 다가가 "이 타협안은 문제를 해결하는

∷ 명예혁명

1688년 영국에서 일어난 시민혁명으로 유럽 혁명 가운데 유일하게 유혈사태가 없었기 때문에 이런 명칭이 붙게 되었다. 명예혁명을 통해 영국의 제임스 2세는 프랑스로 망명하고, 오라녜 공 윌리엄과 그의 부인 메리 2세가 영국의 왕위에 함께 올랐다.

것이 아니라 포기하는 것"이라며, 그 뜻을 총장에게 전하게 했다.

뉴턴의 용기 있는 행동으로 결국 대표자들은 총장의 타협안을 거부하게 되었고, 프란시스를 통해 케임브리지를 가톨릭화 해보려던 제임스 2세의 계획은 성사되지 못했다. 이 일을 계기로 조용한 은둔자였던 뉴턴은 케임브리지에서 유명해졌다. 이 유명세 덕에 그는 런던으로 갈 기회를 다시 한 번 얻게 되었다.

1688년 제임스 2세의 가톨릭화 정책이 심해지자 의회는 제임스 2세의 사위인 네덜란드의 오라녜 공 윌리엄William III, 재위 1689~1702에게 영국 국내 문제에 개입해줄 것을 요청하게 되고 결국 제임스 2세는 프랑스로 도망쳤다. 이에 의회는 제임스 2세가 왕위를 포기한 것으로 간주하고 오라녜 공 윌리엄과 그의 부인 메리 2세Mary II, 재위 1689~1694를 영국의 새로운 왕으로 선포했다. 명예혁명*이 일어난 것이다.

1689년 1월 이 문제를 마무리 짓기 위해 의회가 소집되었다. 1월 15일, 케임브리지도 의회에 보낼 대표자 두 명을 뽑기 위해 평의원회를 소집했다. 『프린키피아』와 프란시스 사건으로 명성이 높아진 뉴턴은 세 명의 후보자 중 한 명으로 나서 대표자로 발탁되었다. 그리고 1701년 케임브리지를 완전히 떠나기 전까지 뉴턴은 케임브리지의 대표자로 의회에서 활동했다.

조폐국에 입성

케임브리지 대표로 의회에 입성한 이후 뉴턴은 런던에 머무는 시간이 훨씬 많아졌고, 1696년 조폐국에 들어가게 된 것을 계기로 런던에 완전히 정착하게 되었다.

1695년, 영국 정부는 악화된 재정을 해결할 방안으로 은화를 다시 찍어내는 개주를 계획하고 있었다. 그해 런던 재정가들과 로크, 렌, 월리스John Wallis, 1616~1703, 그리고 뉴턴이 포함된 전문가 집단이 모여 개주를 위한 구체적인 방안을 논의하여,「영국 화폐 개정안에 관하여Concerning the Amendment of English Coins」라는 보고서를 정부에 전달했다. 이런 인연과 당시 재무장관을 맡고 있던, 친구이자 후원자인 찰스 몬태규Charles Montaghu, 1661~1715의 도움으로 뉴턴은 조폐국 감독관 자리를 얻었다.

사실 몬태규가 주선해준 자리는 '지나치게 신경 쓸 일이 없는' 한직에 불과한 것이었다. 그러나 자신이 관심 갖는 일이라면 어느 것이나 대충 넘기지 못했던 뉴턴은 특유의 성격 덕분에 개주 작업을 적극적으로 이끌었다. 또한 그 당시 골칫거리였던 위폐범을 잡는 일에도 관여하여 뉴턴이라는 이름은 당시 위폐범들에게 공포의 대상이었다는 이야기도 전해진다.

1699년 12월, 조폐국장이 사망하자 그 공석은 뉴턴에게 돌아왔다. 한직에 불과했던 연봉 500~600파운드짜리 조폐국 감독관에서 평균 연봉 1,650파운드를 받는 조폐국장에 오르게 된 것이다. 그는 27년간 이 자리를 유지했고, 『프린키피아』 출판에 관련된 일을 도맡았던 핼리를 조폐국 감독관에 임명하는 등, 조폐국장으로서의 권력을 이용하여 젊은 뉴턴주의자들에게 자리를 내주기도 했다.

뉴턴이 조폐국에 들어가고 승진을 할 수 있었던 데에는 뉴턴 자신의 명성과 노력도 무척 중요했지만 또하나 빼놓을 수 없는 것이 몬태규의 도움이었다. 후에 제1대 핼리팩스 백작이 되는 몬태규는 영국 공공재정구조의 골격을 세웠다는 평을 받고 있는데, 이 재무의 천재와 뉴턴의 관계를 이야기할 때 빠지지 않고 등장하는 사람이 뉴턴의 조카딸 캐서린 바턴^{Catherine Barton,} ^{1679~?}이다.

찰스 몬태규와 캐서린 바턴의 관계에 대해서는 정확히 밝혀진 것이 없어 아직까지도 추측만이 난무할 뿐이다. 혹자는 캐서린이 찰스 몬태규의 정부였다고 이야기하고 혹자는 둘은 사실 부부이지만 신분의 차이 때문에 결혼을 비밀에 부쳤을 뿐이라고도 한다. 캐서린 바턴이 몬태규의 정부였든 비공식적 아내였든 그 관계에서 뉴턴이 혜택을 얻었을 가능성은 상당히 높다. 그렇다고 할지라도 단지 이것만 가지고 뉴턴을 부도덕한 사람으로 매도하는 것은 조금 문제가 있다. 우선 당시 영국 사회에서 몬태규와 뉴턴처럼 후원인·피후원인의 관계 및 이를 통한 공직 임용은 사회적으로 인정된 인재 등용 방법 중의 하나였기 때문이다. 보다 정확한 판단을 위해서는 볼테르의 이야기를 들어볼 필요가 있다.

젊었을 때 나는 뉴턴이 그의 능력으로 성공했다고 생각했다. 궁정과 런던시의 환호 속에 그가 조폐국장에 임명되었다고 여겼다. 그러나 그런 일은 일어나지 않았다. 뉴턴에게는 매우 매력적인 조카, 콘듀이트 부인(캐서린 바턴)이 있었는데 그는 핼리팩스 백작의 사랑을 받았다. 유동률과 중력도 아름다운 조카가 없었다면 아무 소용도 없었을 것이다.

볼테르조차 "유동률 방법과 중력 법칙도 아름다운 생질녀가 없었더라면 쓸모없게 되었을 것"이라고 말했지만 그의 말을 역으로 생각해 보면 뉴턴의 능력이 안 되었더라면 아무리 아름다운 조카딸이라도 쓸모없게 되었을 것이다. 조폐국에 들어가게 도움을 준 것은 몬태규였지만, 조폐국의 한직을 중요한 자리로 만들고 조폐국장까지 올라간 것은 어쨌든 뉴턴의 열정과 노력 덕분이었다. 덧붙이자면, 캐서린 바턴은 핼리팩스 백작이 죽고 난 후, 1717년 뉴턴을 열렬히 숭배하던 한 청년의 청혼을 받는다. 둘은 결혼했고 젊은 뉴턴의 숭배자는 뉴턴을 지근에서 모시고 산 부인에게서 뉴턴에 관한 이야기를 열심히 들었다. 그 젊은이, 존 콘듀이트가 남긴 기록 덕분에 지금 우리는 뉴턴의 모습을 상당히 구체적으로 그려낼 수 있다.

뉴턴주의자 길러내기

『프린키피아』의 성공과 런던 공직에서의 활약으로 뉴턴은 영국 사회에서 유명인사로 올라서게 된다. 이런 유명세 덕분인지 어느새 뉴턴의 주위로 그를 숭배하는 젊은이들이 모였다. 그 중에 한 사람이 아브라함 드 무아브르 Abraham de Moivre, 1667~1754이다. 볼테르와 비슷하게, 종교적 문제로 감옥에 있다가 석방된 그는 곧장 영국으로 건너와 수학을 가르치며 생계를 연명했다. 어느 날, 드 무아브르는 데본셔 공작의 집을 방문했다가 거기서 뉴턴을 처음 만나고 『프린키피아』를 접하게 되었다. 똑똑하고 야심만만했던 스물한 살의 젊은이는 처음 몇 장을 들쳐보고서는 이 책을 이해하는 일이 그리 녹록지 않다는 것을 깨닫게 되었다. 수학을 가르치러 다니느라 바쁜 와중에도 그는 『프린키피아』를 찢어서 주머니에 넣고 다니면서 공부했고 뉴턴에게 반해 문하생으로 들어가게 된다.

이처럼 『프린키피아』에 반한 젊은 세대의 수학자들, 천문학자들이 뉴턴을 보려고 그의 주위로 몰려들면서 뉴턴주의자로 거듭났다. 이들은 뉴턴이 『프린키피아』에서 제시한 세계상을 과학계로, 사회로 퍼뜨리는 '뉴턴의 사도'가 되어서 뉴턴주의의 확산을 이끌었다. 이들은 『프린키피아』를 교정하여 새 판을 출판하는 일을 하거나 뉴턴의 자연철학을 가르치고 대중화시키는 일에 앞장섰다. 흥미로운 것은 이들 젊은 사도들의 뉴턴주의는 뉴턴 자신에 의해 철저하게 지도받거나 검증받은 뒤에야 세상 밖으로 나올 수 있었다는 점이다. 이런 면에서 뉴턴주의와 뉴턴주의자는 상당 부분 뉴턴 본인의 작품이었다.

대표적인 뉴턴주의자들로는 『프린키피아』의 개정판 준비를 책임졌던 로저 코츠Roger Cotes와 니콜라스 파시오 드 듀일리에Nicholas Fatio de Duillier, 『프린키피아』의 산파 역할을 했던 에드먼드 핼리, 라이프니츠와의 논쟁에서 뉴턴의 세계관을 대변했던 새뮤얼 클라크Samuel Clarke, 뉴턴주의의 종교적 의미를 설파했던 리처드 벤틀리Richard Bentley, 헨리 펨버튼Henry Pemberton, 윌리엄 휘스턴William Whiston,

존 케일John Keil, 콜린 매클로린Colin Maclaurin, 존 스털링John Stirling, 존 크레이그John Craig 등이 있다. 이들은 뉴턴의 추종자들로 충실하게 뉴턴의 세계관을 대변해주었고, 뉴턴은 존경스럽고 권위 있는 아버지로서 추종자들을 양성하고 보호했다. 뉴턴은 과학계 내부에서의 권위와 조폐국장으로서의 지위, 왕립학회 회장의 권력을 사용하여 이들 뉴턴주의자들을 옥스퍼드나 케임브리지, 스코틀랜드 대학의 교수 자리에 추천하고, 조폐국에 자리를 마련해 주고, 왕립학회의 간사나 유급 실험가에 임명했다. 또한 뉴턴주의자들이 곤경에 처해 있을 때면 나서서 그들을 보호해주기도 했다.

에드먼드 핼리는 그 많은 뉴턴주의자들 중에서도 단연 최고의 뉴턴주의자였다. 앞에서 말했던 것처럼 그는 뉴턴을 재촉하여 『프린키피아』를 집필하게 만들었고, 자비를 들여 그 책이 출판될 수 있도록 하였으며, 책의 인쇄 과정에까지도 계속 신경을 쏟았다. 이런 노력 덕분인지 그는 뉴턴의 괴팍한 성격에도 불구하고, 평생 뉴턴과 불화하지 않고 뉴턴 옆에 머문 거의 유일한 사람이었다. 어찌 보면 뉴턴을 어떻게 다루어야 하는가를 가장 잘 알고 있었던 사람이라고도 할 수 있다.

핼리에 대한 뉴턴의 신뢰와 총애는 지극했다. 뉴턴은 정치적으로 미묘한 일들을 핼리에게 맡기곤 했다. 왕실 천문학자 플램스티드John Flamsteed,

과학에 대한 서로 다른 견해로 뉴턴과 대립한 플램스티드

1646~1719의 관측 자료를 가지고 『별의 목록^{star catalogue}』을 출판하는 일도 그런 미묘한 일들 중에 하나였다.

막 교류를 시작했을 무렵 플램스티드와 뉴턴은 서로를 존경하는 사이였다. 플램스티드는 뉴턴의 천체역학과 뛰어난 수학 능력을 존경했고, 뉴턴은 플램스티드의 정확한 행성 관측 능력을 존경했다. 뉴턴은 행성궤도를 정확하게 계산하기 위해서 플램스티드의 정확한 데이터가 필요했고, 그런 점에서 플램스티드는 뉴턴이 자신의 진가를 알아준다고 생각했다.

그러나 지나치게 자존심이 강하고 적대자들을 절대로 용서하지 않는 등 부정적인 면에서 유사한 성격을 갖고 있던 두 사람은 곧 불편한 관계에 놓이게 된다. 나쁜 성격을 공유했던 것에 비해 과학에 대한 두 사람의 견해는 달랐다. 플램스티드는 관측 천문학자로서 관측 자료가 그에 대한 해석보다 우선한다고 생각했던 반면, 뉴턴은 당연히도 자료보다는 그에 대한 수학적 해석이 더 중요하다고 생각했다.

어느 때부터인가 플램스티드는 뉴턴이 자신의 관측 자료에 대해 충분한 감사의 표시를 하지 않았다며 자신을 무시했다고 불평하기 시작했다. 그리고 뉴턴에게 자료 내주기를 꺼려했다. 뉴턴은 뉴턴 나름대로 플램스티드가 부당하게 자신을 비난하고 있다고 여기면서 플램스티드의 공로를 인정하려 들지 않았다. 두 사람의 충돌은 왕립학회에서 플램스티드의 『별의 목록』을 출판하면서 극에 달했다. 뉴턴은 왕립학회 회장의 권위를 이용하여 플램스티드의 관측 자료를 출판하는 일에서 플램스티드를 제외시켰다.

플램스티드와의 뉴턴의 적대적인 관계 속에서 목록을 편집하는 일은 정치적으로 무척 미묘한 성격을 띠게 되었는데, 이 일은 결국 뉴턴의 총아 핼리에게 넘어갔다. 핼리는 그의 정치적인 감각을 발휘하여 뉴턴의 의도대로 별의 목록을 작성하는 일을 훌륭하게 해냈다.

핼리의 충성에 대해 뉴턴은 충분한 '상'을 내려주었다. 핼리를 조폐국 감독관에 임명하고, 1703년에는 옥스퍼드 새빌 천문학 교수Savilian Professor of Astronomy에 추천하기도 했다. 1713년에는 왕립학회 간사 자리에 그를 앉혔고, 1721년에는 플램스티드의 사망으로 공석이 된 왕립천문학자 자리에 핼리가 앉는 것을 도왔다. 또한 핼리가 곤경에 처했을 때도 뉴턴은 핼리를 적극 옹호해주었다. 특히 핼리가 무신론적 경향으로 인해 공격을 받게 되자 뉴턴은 개인적으로는 그를 불러 꾸짖었지만, 공개적으로는 핼리를 보호해주었다고 한다.

다른 뉴턴주의자들도 핼리처럼 충성의 대가를 받았다. 뉴턴이 영국 과학계의 거물급 인사가 되자 수학이나 천문학 분야의 교수를 추천해달라는 부탁을 받는 일이 종종 생겼다. 뉴턴은 젊은 뉴턴주의자들을 그 자리에 채워넣었고, 이들 '뉴턴의 사도들'은 뉴턴의 기대에 부응하여 뉴턴주의를 학생들에게 전달하곤 했다. 옥스퍼드 새빌 천문학 교수좌는 뉴턴주의자들이 거쳐 가는 자리처럼 되어서, 1692년에는 데이비드 그레고리David Gregory, 1659~1708가, 1703년에는 핼리가, 그리고 1712년에는 그레고리의 제자 존 케일이 교수가 되었다. 『프린키피아』 제2판의 편집을 맡아서 뉴턴이 초판에서 범했던 오류들을 꼼꼼하게 교정해 나간 로저 코

즈는 1706년 케임브리지의 플럼 천문학 및 실험 철학 교수
Plumian Professor of Astronomy and Experimental Philosophy가 되었다. 케임

브리지에서 뉴턴의 강의를 들었던 윌리엄 휘스턴은
케임브리지에서 뉴턴의 후계자가 되어 루카스 수
학 교수좌를 얻었고, 『프린키피아』 3판을 편집
했던 헨리 펨버튼은 그레샴 대학, 콜린 매클
로린은 에딘버러 대학의 수학 교수가 되
었다. 모두 자신의 사도로 충실한 역할
을 해준 이들에 대한 뉴턴의 보상이
었다.

  '뉴턴의 사도들'은 주로 수학
자나 천문학자들로, 뉴턴이
『프린키피아』나 『광학』에서 제
시한 세계상을 공유하고 그것
을 확산시키는 데 기여했던 사
람들이다. 이들 외에 다른 한
무리의 뉴턴주의자들을 발견할 수 있다. 이들은 주로 의사 출신
들로, '뉴턴의 사도들'이 했던 것과는 다른 방식으로 뉴턴을 도
왔다.

  이 무리에 속한 대표적인 인물들로 한스 슬로안Hans Sloane,
1660~1753, 존 아버스넛, 뉴턴의 주치의를 맡았던 리처드 미드Richard
Mead, 1673~1754, 뉴턴의 전기를 집필했던 윌리엄 스터클리William
Stukeley, 1687~1765를 들 수 있다. 이들은 대부분 궁정 의사들는데, 직
업상 '뉴턴의 사도들'처럼 대학에 자리를 얻기 위해 뉴턴의 추천

을 필요로 하지도 않았고, 경제적으로도 안정되어 있었다. 때문에 이들은 뉴턴의 도움을 받을 일도 많지 않았고 뉴턴주의를 전파할 때도 적극적으로 기여하지 않았으나, 뉴턴이 논쟁에 빠지거나 누군가와 분쟁에 휩싸일 때 적극적으로 뉴턴의 편에 서서 그의 입장을 대변했으며 궁정에 쉽게 접근할 수 있는 이점을 이용하여 왕실과 뉴턴을 적극적으로 매개해주거나 왕실의 권위를 뉴턴에게 실어주는 일에 힘을 썼다.

로피탈 후작에게 『프린키피아』 소식을 전해주었던 존 아버스넛은 뉴턴주의 의사의 대표적인 인물이다. 앤^{Anne, 재위 1702~1714} 여왕의 특별 주치의^{physician extraordinary}였던 아버스넛은 플램스티드와 뉴턴 사이에 분쟁이 있었을 때 왕실 주치의의 지위를 적극 활용했다.

뉴턴은 정확한 계산을 위해 플램스티드의 관측 자료가 필요했으나 플램스티드가 그것을 뉴턴에게 주려고 하지 않자 아버스넛은 왕실 주치의라는 위치를 이용하여 여왕의 부군이 이 문제에 관심을 갖도록 했다. 여왕의 부군의 이름으로 플램스티드의 책을 왕립학회에서 출판하라는 이야기가 나오자 고집 센 플램스티드도 어쩔 수 없었다. 아버스넛은 왕실의 권위를 뉴턴에게 실어주었을 뿐만 아니라, 왕립학회에 플램스티드의 책 출판을 논의하기 위한 위원회가 만들어졌을 때는 적극적으로 참여하여 뉴턴의 기대에 부응했다.

한스 슬로안 역시 의사였으나 뉴턴이 왕립학회 회장을 맡게 되었을 때, 이미 학회 간사를 맡고 있었다. 뉴턴이 회장을 맡기 전까지 왕립학회의 회장직은 명예직으로, 실질적인 권한은 학회 간사에게 있었다. 슬로안도 처음에는 이런 전통에 따라 학회를 자신의 통제권 아래 두려고 했으나, 뉴턴이 회장의 권한을 강화하려고 하자 뉴턴과 잠시 마찰을 빚었다고 한다. 그러나 1713년 간사직을 그만둘 때까지 그는 뉴턴의 왕립학회 개혁을 적극적으로 도왔다.

이처럼 뉴턴주의 의사들은 수학적인 면에서 '뉴턴의 사도들'에게 뒤떨어졌을 수는 있지만, 의사로서의 사회적인 지위를 활용하여 뉴턴주의의 확산에 기여했다.

**거역하는
자에게
단죄를**

수학자이든 의사이든 간에 뉴턴의 신봉자들이 잊지 말아야 할 것이 있었다. 뉴턴에게 절대 복종하고 그의 권위를 받아들일 것. 크든 작든 간에 어떤 식으로든 자신의 권위에 도전하는 일을 뉴턴은 절대로 너그러이 받아 넘기지 않았다.

한때 뉴턴과 절친한 사이를 자랑했던 니콜라스 파시오 드 듀일리에를 보자. 스위스 출신의 그는 역사에 남길 만한 업적을 남기지는 못했지만, 높은 자신감을 지닌 당대의 능력 있는 수학자였다. 영국에 와서 뉴턴의 『프린키피아』를 본 즉시 그 진가를 알아보고 친분이 있던 호이겐스에게 뉴턴을 "역사상 가장 능력 있는 수학자", "우주의 참된 체계를 전혀 의심이 가지 않은 방식으로 발견한 사람'"이라고 칭송하는 편지를 보냈다. 뉴턴과 듀일리에는 수학 외에도 성서 해석에 대한 관심을 공유해서 급속하게 친해졌다. 듀일리에에 대한 뉴턴의 애정이 얼마나 지극했던지 듀일리에가 아프다는 소식을 듣자마자 뉴턴은 런던의 오염된 공기를 피해 케임브리지로 내려와 지낼 것을 권하기도 하고 듀일리에의 체류비를 지원할 뜻을 내비치기도 할 정도였다.

이토록 절친했던 두 사람의 관계는 1690년대 중반 무렵 급속하게 냉각됐다. 문제는 뉴턴의 『프린키피아』 2판을 준비하는 과정에서 불거졌다. 젊고 능력 있는 뉴턴주의 수학자들 사이에서 2판의 교정을 누가 맡을 것인가를 두고 은근한 경쟁이 있었다. 듀일리에는 공공연히 자신이 '뉴턴주의 자연철학의 최고이자 유일하게 권위 있는 해석가'라고 이야기하고 다니면서, 자신이 2판 교정의 유일한 적임자라고 생각했다.

뉴턴에게 뉴턴주의의 최고 해석가는 당연히 그 자신이어야 했다. 그런 점에서 아무리 절친한 사이라고 하더라도 듀일리에의 자신감은 뉴턴의 눈에 거슬리는 것이었다. 게다가 듀일리에가 성서 해석 문제에 지나치게 몰두하게 되자 뉴턴은 그에 대한 총애를 거둬들였다. 여기에 1693년 경 뉴턴이 정신착란을 겪어 혼란스러운 시기를 보내게 되면서 둘 사이의 관계는 회복 불가능하게 되었다. 이후 라이프니츠와의 오래된 미적분 우선권 논쟁이 다시 일어났을 때를 제외하고, 듀일리에는 뉴턴의 삶에서 의미 있는 이름이 되지 못했다고 한다.

의사였던 한스 슬로안이나 윌리엄 스터클리도 뉴턴의 눈 밖에 나서 고생을 했다. 한스 슬로안은 왕립학회 간사로 10년 동안이나 왕립학회 회장이었던 뉴턴을 위해 봉사했다. 그러나 그는 의사이자 자연사학자로서 뉴턴의 수학적인 세계관을 충분히 공유하지 못했다는 점 때문에 10년 동안의 충성에도 불구하고, 왕립학회 간사직을 내주어야 했다. 하지만 뉴턴의 사후, 슬로안은 왕립학회 회장 선거에 출마하여 뉴턴의 후계자로 여겨졌던 마틴 폴크스Martin Folkes, 1690~1754와의 대결에서 승리했다. 죽은 뉴턴에 대한 일종의 앙갚음이라고 해야 할까. 한편 윌리엄 스터클리는 노년의 뉴턴이 무척이나 아꼈던 뉴턴의 애제자였다. 처음으로 뉴턴의 전기를 쓸 정도로 그 자신도 뉴턴에 대한 애정이 상당했다. 그러나 이런 스터클리조차 뉴턴의 뜻을 거스르고 왕립학회의 공직에 나서려고 했을 때 뉴턴은 화를 내며 그를 몇 년 동안 학회 일에 참여하지 못하게 했다고 한다.

젊은 뉴턴주의자들에게 뉴턴은 위대한 아버지였다. 그러나 그 아버지는 자애롭기만 한 아버지는 아니었다. 아버지의 애정은 절대적인 충성과 복종을 전제 조건으로 했다.

18세기의 벽두에 뉴턴주의 세계관은 영국에서 확고하게 자리를 잡았고, 곧이어 유럽 대륙에서도 데카르트주의를 대체해 나가게 된다. 뉴턴주의 과학이 성공할 수 있었던 가장 큰 이유는, '보통 사람들처럼 먹고 마시고 잠자는' 인간이 해냈다는 것을 의심하게 만들고 싶을 만큼 대단했던, 뉴턴의 『프린키피아』에서 찾을 수 있을 것이다. 그러나 이것만이 아니라 뉴턴이 이뤄낸 성공은 그 이상의 것이 있었기 때문에 가능했다.

뉴턴주의 과학을 영국 사회로 퍼뜨리는 일은 뉴턴 혼자만의 힘으로는 부족한 것이었다. 뉴턴은 『프린키피아』에 매혹된 젊은 세대 수학자, 천문학자들을 '뉴턴의 사도들'로 키워내어 그들의 입을 통해 뉴턴의 과학을 사회에 알렸다. 과학자로서의 명성, 왕립학회 회장으로서의 권위를 적극 활용하여 그들에게 말할 수 있는 지위를 마련해주었고, 더 중요하게는 그들에게 무엇을 말해야 하는가를 알려주었다. 뉴턴주의가 과학으로서는 유례가 없을 정도로 사회적 명성을 얻을 수 있었던 것은 뉴턴의 천재성과 뉴턴이 키워낸 뉴턴주의자들이 있었기 때문이다.

뉴턴, 과학과 사회의 관계를 재정립하다

세계에서 가장 오래된 과학단체, 왕립학회

왕립학회는 Royal Society 1660년에 설립된 세계에서 가장 오래된 과학 단체이다. 그 기원은 '철학 칼리지 Philosophical College'라는 단체에서 시작되었는데, 1644년 존 윌킨스 John Willkins, 1614~1672를 중심으로 런던 그레샴 칼리지에 모여 과학 실험을 하고 토론을 했던 사람들의 집단을 일컬었다. 대부분이 공화파였던 철학 칼리지의 구성원들은 크롬웰이 옥스퍼드를 개편할 때 그 곳으로 옮겼다가 1660년 왕정복고기에 다시 런던으로 옮겼다. 그해 11월, 이들은 그레샴 대학에 모여서 공식적인 단체를 결성하고, 찰스 2세로부터 헌장을 부여받아 공식적으로 '왕립 Royal'이라는 명칭을 얻게 되었다.

초기 구성원들이 주로 공화파였기에 찰스 2세는 학회에 '왕립'이라는 이름 외에는 별다른 지원을 해주지 않았다. 따라서 학회의 재정은 매우 빈곤했다. 1687년 뉴턴의 『프린키피아』를 출

138 뉴턴 & 데카르트

판할 때도 학회 재정이 부족하여 출판비 대부분을 핼리가 자비로 부담해야만 했을 정도였다. 또한 재정 문제로 학회 차원에서 연구 프로젝트를 조직하거나 돈이 드는 실험을 하는 것도 힘들었다. 따라서 왕립학회는 회원들이 자비를 들여 실험을 재현하거나 실험 결과를 보고하는 연구결과 발표장의 역할을 하고, 회원들의 연구에 대한 우선권을 인정 및 확보해주는 기능 밖에 수행할 수 없었다. 초대 간사였던 올덴부르크의 노력으로 학회는 『철학회보』라는 공식 회보를 발간할 수 있었으나, 그마저도 재정 부족으로 가끔 출판이 지연되기도 했다고 한다.

왕립학회는 과학 단체였음에도 불구하고 아마추어적 성격이 강했다. 열악한 재정 때문에 회원 선발 기준이 과학 연구의 전문성보다도 회비를 납부할 수 있는 능력에 맞추어지면서, 전문적인 과학자 이외에도 여가 활동으로 과학을 즐기는 사람들도 회원에 많이 포함되어 있었다. 따라서 학회에서 발표되는 내용들도 전문적인 지식을 요구하는 수학적인 내용보다는 다소간의 교양 지식을 습득한 사람이라면 쉽게 따라갈 수 있는 자연사 활동이 주를 이루곤 했다. 1703년, 뉴턴이 새 회장이 되었을 때 왕립학회의 상황이 바로 이러했다.

뉴턴식 왕립학회 만들기

18세기 초, 왕립학회는 설립 초기의 열정이 사그라들면서 회원 수 감소와 회비 부족으로 심각한 쇠퇴의 징후를 보이고 있었다. 뉴턴은 유명 과학자로서 명성과 그가 키워낸 뉴턴주의자들의 지지를 바탕으로 왕립학회를 뉴턴식으로 변모시켰고, 이를 통해 뉴턴 자신의 이미지를 만들어냈다.

왕립학회의 대대적인 개혁은 가장 심각한 재정난 해결에서부터 시작되었다. 1703년 뉴턴이 회장에 취임했을 때, 전성기에 200명이 넘었던 회원 수는 급격하게 감소했고 그나마 있는 회원들도 회비를 연체하면서 학회는 거의 파산 직전이었다. 뉴턴은 새로 선출된 회원들에게 입회비를 내도록 하여 학회의 새로운 재정원을 확보했다.

그러나 이것만으로는 충분하지 않았다. 회비로 운영되는 학회가 튼튼한 재정 상태를 유지하려면 무엇보다 충분한 회원을 확보하는 것이 선결 과제였다. 어떻게 하면 회원 수를 늘릴 수 있을까? 해결책은 간단했다. 학회를 유명하고 권위 있게 만들어서 학회에 가입하고 싶게 만들면 되는 일이었다. 그렇다면 어떻게 학회를 유명하게 만들까? 뉴턴은 '학회의 고급화'를 통해 위상을 높이는 방식을 선택했다. 왕립학회는 설립 40년이 넘어갔지만 아직도 학회의 일상적인 운영 방식이 공식화되지 않은 면이 많았다. 뉴턴은 귀족이나 왕실을 본떠 학회의 운영 과정을 멋들어진 의식으로 변모시켰다. 우선 왕립학회의 입구를 지키던 나이 든 초라한 문지기를 근사한 제복을 차려입은 하인으로 바꿨다. 이 하인들은 학회 모임이 있을 때면 학회의 문장이 새겨져있는 기다란 봉을 들고 나왔다. 뉴턴은 이런 의례를 정식화시켜서 학회의 모임에 귀족적인 권위를 부여했다. 또한 비공식적인 논의 일색이었던 평의회 모임에도 공식적인 절차를 도입했다. 왕립학회의 다른 부분들처럼 학회 운영 전반을 논의하는 자리였던 평의회 모임은 그때그때 사정에 따라 회의가 이루어지곤 했는데, 뉴턴은 투표를 도입하여 의사 결정 과정을 공식화했다. 이에 따라 평의회에서 이루어지는 결정에는 학회의 공식 절차를 거친 것이라는 무게감이 실리게 되었다. 이와 같이 학회의 일상적인 부분까지 의례화한 뉴턴은 학회의 일에 귀족적인 색채를 덧씌웠다.

뉴턴의 다음 개혁은 왕립학회 회장의 권한을 강화하는 것이었다. 다시 말하면, 뉴턴 자신의 권한을 강화시켰다. 초창기부터 왕립학회의 실질적인 운영은 학회 간사의 손에 있었고, 또한 유능한 간사들 덕에 학회는 제도화된 과학단체로 발전할 수 있었다. 이에 비해 학회의 회장직은 학회 운영에 그다지 영향력을 발휘하지 못하는 명예직에 불과했다. 뉴턴은 왕립학회 회장이 실질적인 권한을 행사할 수 있도록 몇 가지 조치를 취했다. 우선 학회에 영향력을 행사하기 위해서는 매주 열리는 평의회 모임에 참석해서 의사 결정 과정에 참여해야 했다. 그런데 조폐국에 나가야 하는 날과 학회 모임 날짜가 겹치자 뉴턴은 평의회가 열리는 날을 수요일에서 목요일로 조정해서 자신의 주재하에 회의가 진행되도록 만들었다. 실제로 뉴턴은 회장 재임 중 열렸던 175회의 평의회 모임 중 161번이나 참여하는 열성을 보였다고 한다.

그는 학회의 이미지를 고급화시켰던 것처럼 왕립학회 회장의 이미지를 권위 있게 만드는 데도 주력했다. 매주 열리는 평의회 모임에서 회장이 앉는 자리를 테이블의 상석에 고정시키고 특별한 경우가 아니라면 회장 이외의 사람들은 앉지 못하도록 만들었다. 또한 회장의 권위를 상징하는 곤봉 모양의 권표權標, mace를

손힐이 그린 뉴턴 초상(1712)

만들어 회장의 참석 여부를 알리는 표시로 사용했다. 회장이 참석하지 못할 때는 권표를 세워서 회장을 대신하게 하고, 참석했을 때는 눕혀두었다. 이런 방식 역시 궁정이나 귀족의 의례를 본뜬 것이었다. 왕이 머무는 성에 왕을 상징하는 깃발을 올리는 것처럼 회장의 참석 여부를 권표로 표시함으로써 한 나라에서 왕이 지닌 것과 같은 권위가 왕립학회 내에서 회장에게 있다는 것을 상징적으로 나타낸 것이었다.

마지막으로 그는 자연사를 중심으로 이루어지던 왕립학회 활동 방향을 수학으로 돌렸다. 1680년대 무렵 왕립학회 내에는 경쟁하는 두 개의 분파가 존재했다. 하나는 자연사학자, 의사, 교양 있는 학자 등을 중심으로 왕립학회의 활동이 자연사 위주로 이루어져야 한다고 주장하는 집단이었고, 다른 하나는 수학자, 천문학자의 집단으로 수학을 강조했던 집단이었다. 뉴턴의 『프린키피아』가 큰 성공을 거두면서 왕립학회 내에서도 수학자 집단의 목소리가 커졌다. 거기에 1703년 뉴턴이 회장이 되면서 왕립학회의 수학자 집단은 '위대한 뉴턴'의 리더십 아래 수학의 언어를 사용하여 자연을 이해해야 한다는 목표를 공유했다. 이에 더해 이들 수학자, 천문학자 집단은 자신들이 자연사학자들에 비해 지적으로 더 뛰어나고 도덕적으로 고매하다는 믿음을 가지고 있었다. 사실 자연사 집단과 수학자 집단의 차이는 자연을 이해할 때 선호하는 방식의 차이, 즉 취향의 차이에 불과한 것이었는데, 수학자 집단은 뉴턴의 명성과 권력을 밑천 삼아 이런 취향의 차이를 능력의 차이로 변모시켰다. 그들은 수학적 지식이 자연사 지식보다 더 고차원적인 이해를 추구한다고 선전하면서 자신들의 집단이 자연사 집단보다 우월하다고 주장했다. 적어도 뉴턴이 회장으로 있는 동안에는 수학자 집단의 이런 주장이 왕립학회 내에서 힘을 발휘할 수 있었다. 뉴턴이 왕립학회에 데리고 온 뉴턴주의자들이 이런 주장에 동조한 것은 물론이다. 그 결과 뉴턴의 재임 기간 동안 뉴턴의 수학적 세계관을 공유하는 사람들이 왕립학회의 헤게모니를 장악할 수 있게 되었다.

이처럼 뉴턴은 왕립학회의 회장으로 재임하는 동안 여러 면에서 학회의 조직과 행정 절차를 개편했다. 이를 통해 그는 왕립학회를 자체의 권위로 존재할 수 있는 기관으로 변모시키려 했고, 그와 동시에 왕립학회를 그의 존재 자체와 일치하는 기관으로 이미지화 시키려고 했다. 다시 말하면, 그는 왕립학회의 개혁을 통해 '왕립학회 = 뉴턴의 기관'으로 뉴턴식 왕립학회의 상을 정립시키려고 했던 것이다.

과학의 사회적 신분 높이기

17세기 과학혁명이 일으킨 중요한 변화 중 하나는 과학의 사회적 위상이 대폭 높아졌다는 것이다. 사회적으로 신분이 그리 높지 않은 장인들이나 하던 활동, 대학에서도 신학이나 철학의 부분으로 인식되던 활동이 과학혁명을 거치면서 사회적으로 그 가치를 인정받게 된 것이다. 뉴턴도 과학의 사회적인 이미지를 고양시키는 데 크게 기여했다. 특히 그는 기회가 닿을 때마다 정부나 왕실의 일에 참여하여 과학과 정부, 과학과 왕실 사이의 관계를 긴밀하게 만들었다.

『프린키피아』의 성공으로 사회적인 명사가 된 뉴턴은 조폐국장이 되면서 그 권위가 한층 높아졌다. 이런 권위와 명성 덕에 뉴턴은 자주 정부의 업무와 관련하여 자문을 받곤 했다. 광산, 항해, 천문과 관련된 문제가 있을 때면 뉴턴은 자주 불려가서 자문을 해주곤 했다. 교육개혁에 대해 조언을 부탁하는 경우도 많았는데, 이럴 경우 뉴턴은 기회가 있을 때마다 과학교육을 강화해야 한다는 입장을 피력했다. 뉴턴의 영향력으로 과학교육이 강화되면서 사회적으로도 과학이 중요하다는 인식을 갖게 하는 데 도움이 되었다.

또한 뉴턴과 왕실과의 친분도 돈독해졌다. 새로 왕이 된 조지 1세$^{George\ I,\ 재위\ 1714\sim1727}$의 며느리, 카롤리네$^{Caroline,\ 1683\sim1737}$ 왕세자비는 뉴턴의 신학 연구 소문을 듣고 그가 쓴 글을 보내달라고 부탁했다. 이것을 계기로 카롤리네 왕세자비와 친분을 쌓게 된 뉴턴은 왕세자비의 자녀 교육 문제에 조언을 하기도 하면서 왕세자비를 '특별한 친구'라고 부를 수 있는 특권까지 얻게 되었다. 후에 왕세자가 조지 2세$^{George\ II,\ 재위\ 1727\sim1760}$로 왕위를 잇게 되자 왕비가 된 카롤리네는 가끔 뉴턴을 왕과 자신이 있는 장소로 불러서 몇 시간 동안이나 신학과 철학에 관한 뉴턴의 의견을 듣곤 했다. 처음 허울뿐인 '왕립'으로 시작했던 왕립학회도 뉴턴의 노력에 힘입어 진정한 '왕립학회'로 거듭나게 되었다. 이름만이 아니라 명성과 역할, 권위에 있어서도 '왕립'에 어울리게 되었던 것이다.

뉴턴은 자신의 권위와 명성을 개인적 차원에 머무르게 하지 않고 과학의 권위와 명성으로 확장시켰다. 이렇게 고양된 과학의 이미지는 다시 뉴턴의 이미지를 고양시키는 데 기여했다. 한마디로 뉴턴은 왕립학회 회장이자『프린키피아』의 스타로서 자신과 과학을 동일시하는 이미지를 만들어내고, 그 이미지 속에서 과학과 자신의 권위를 동시에 높여갔던 것이다. 오늘날까지도 과학자하면 금세 떠오르는 2~3명 속에 뉴턴이 포함될 수 있는 것은 그의 과학적 업적이 이룩한 성과 덕이기도 하지만, 부분적으로는 그가 만들어낸 이런 이미지에 기인하는 것이기도 하다.

뉴턴 회장님의 명예 찾기

미적분에 대한
우선권 논쟁
뉴턴 vs. 라이프니츠

뉴턴의 가장 위대한 업적을 꼽으라고 하면 누구나 『프린키피아』를 통해 3가지 역학법칙으로, 지상뿐만 아니라 우주전체의 자연 현상을 체계적으로 설명해낸 것을 말할 것이다. 앞에서도 말했듯이 뉴턴은 이런 연구 업적을 바탕으로 엄청난 사회적 지위와 명성을 얻을 수 있었다. 그리고 뉴턴에게 또 하나의 명예를 더해준 것이 있는데, 바로 미적분이라고 불리는 유동률법의 발견이다. 하지만 유동률법의 발견자라는 이름을 지키기 위해 뉴턴은 라이프니츠와 치열한 논쟁을 벌여야 했다.

뉴턴의 미적분 발명은 케임브리지 시절까지 거슬러 올라간다. 케임브리지 시절, 뉴턴은 수학 공부를 하면서 그 분야의 중요한 문제들로 곡선에 접선을 긋는 법과 곡선 아래 면적을 구하는 법을 뽑아냈다. 이것이 뉴턴의 미적분학 연구의 시작이었다. 1665

년 가을, 기적의 해에 그는 곡선에 대한 새로운 이해에 도달했다. 그는 곡선을 이미 그어진 선으로 보는 대신, 정해진 조건에 따라서 점이 지나가면서 남긴 궤적으로 이해하게 되었다. 즉, 곡선을 기하학적 점의 운동으로 본 것이다. 후에 뉴턴의 미적분법은 '플럭시온fluxion', 즉 '유동률'이라는 이름으로 불리게 되는데, 플럭시온은 '끊임없는 변화'라는 뜻으로, 뉴턴이 기하학적 도형들을 운동의 결과로 이해한 데서 연유한 이름이다.

뉴턴의 미적분학 연구는 1668년 새로운 전기를 맞이했다. 존 콜린스John Collins, 1625~1683와 아이작 배로가 중요한 역할을 했고, 그 해 출판된 메르카토르Nicholas Mercator, 1620~1687의 『로그의 기술』이 계기가 되었다. 존 콜린스는 '수학의 메르센' 혹은 '수학의 올덴부르크'를 꿈꿨던 사람으로, 수학에서 어떤 연구가 발표되면 부지런히 편지를 써서 다른 수학자들에게 그 소식을 알려주고 논문을 보내주는 일에 자신의 에너지를 쏟아부었다. 그는 이런 일들이 영국과 유럽의 수학공동체를 키워서 수학연구의 촉진과 발전을 가져올 것이라는 강한 믿음을 지니고 있었다. 아이작 배로는 뉴턴보다 먼저 케임브리지 루카스 수학 석좌교수를 맡았던 사람으로, 뉴턴과는 개인적으로도, 학문적으로도 가까웠다. 배로를 이어 루카스 석좌교수가 된 뒤에 뉴턴이 배로의 강의록을 정리하여 책으로 내는 일을 도왔을 정도로 두 사람은 서로 신뢰하는 사이였다.

아이작 배로는 메르카토르의 책을 보고 나서 콜린스에게 메르카토르와 같은 주제를 다루었지만 그보다 훨씬 일반적인 연구를 한 자신의 동료를 소개했다. 콜린스가 곧장 그 동료의 연구를 보내달라고 요청하자 배로는 저자의 이름은 밝히지 않은 채로 뉴턴의 「무한급수에 의한 해석에 관하여 De analysi per aequationes numero terminorum infinitas」를 보내주었다. 이 논문은 무한급수*와 이를 구적법*에 응용하는 방법을 다룬 것으로, 적분과 관련된 문제를 다루고 있었다. 콜린스가 논문의 내용을 무척 흥미로워하며 배로에게 저자에 관해 묻자, 배로는 뉴턴의 허락을 받은 뒤에 매우 젊지만 이런 문제에 관해 비상한 재능과 노련함을 가진 학자라고 소개했다.

근사한 연구에 저자까지 알아낸 존 콜린스는 신이 났다. 그는 뉴턴에게 허락을 받지 않은 채 논문의 사본을 한 부 만들어서 다른 사람들에게 보여줬고, 직접 보여주지 못하는 사람들에게는 편지를 써서 그 내용을 알려주기까지 했다. 콜린스와 배로는 이 논문을 곧 출판될 배로의 강의록에 부록으로 출판하자고 뉴턴을 설득했으나, 뉴턴은 이를 완강히 거부했다. 처음에는 논문만 보내고 그에 대한 반응이 좋게 나오자 자기의 신상을 밝히기는 했

∷ 무한급수

일정한 규칙과 순서로 나열된 무한히 많은 수들의 합을 의미하는 말. 수렴, 발산의 판정과 총합을 구하는 것이 중요한 문제이다. 보통 현대수학에서 언급하는 '급수'가 바로 이 '무한급수'를 뜻한다.

∷ 구적법

고대에는 도형의 넓이와 부피를 구하는 방법이라는 의미를 가졌으나, 17세기에 미적분이 발견되면서부터 적분법에 흡수되었고, 지금은 미분 방정식을 부정적분으로 푸는 법이라는 의미로 사용되고 있다.

지만 거기까지가 뉴턴이 허용하는 범위였다. 완벽주의 경향을 보였던 케임브리지의 은둔자는 자신의 연구가 공개적으로 발표되는 것을 꺼려했다. 콜린스와 배로의 집요한 설득도 뉴턴의 고집을 꺾지는 못했다. 1670~1671년에 뉴턴은 「급수와 유동률의 방법에 관한 소논문Tractatus de methodis serierum et fluxionum」을 준비했는

미적분에 대한 우선권 문제로 뉴턴과 대립한 라이프니츠

데, 콜린스는 이 또한 빨리 완성해서 출판하자고 제의했다. 이번에는 뉴턴이 논문을 완성하지 않고 미적댔고, 결국 이것도 출판에 이르지는 못했다. 이때의 고집과 미적거림이 후에 힘들었던 우선권 논쟁의 화근이 되었다.

1676년, 미적분학의 또 다른 발명자 라이프니츠가 뉴턴 앞에 등장한다. 라이프니츠는 뉴턴보다 4년 늦은 1646년 독일에서 태어났다. 보통의 키에 구부정한 등, 안짱다리였다는 이 사람은 어려서부터 아버지 서가의 책을 독학으로 공부할 정도로 머리가 좋아서, 1666년 스무 살의 나이에 라이프치히 대학에 박사 학위를 신청했으나 너무 어리다는 이유로 거부되었다고 한다. 1714년 라이프니츠가 봉사하던 브라운슈바이크 공작 루드비히가 영국의 새 왕 조지 1세가 되자 라이프니츠는 영국 왕실의 궁정 역사가의 자리를 꿈꾸게 되었다. 그러나 결국 그의 의도는 이루어지지 않았다. 오히려 왕실에서 신뢰를 얻었던 것은 뉴턴으로, 그는 조지 1세의 며느리이자 한때 라이프니츠의 학생이기도 했던

카롤리네 왕세자비의 절친한 친구가 되기까지 했다. 뉴턴과 라이프니츠, 이 두 사람은 미적분학 외에도 하노버 왕가˚를 가운데 두고 서로 원하든 원치 않든 경쟁을 해야 하는 처지에 있었던 것이다.

다시 1676년으로 돌아가자. 라이프니츠는 그 전 해에 뉴턴과는 독자적으로 미분학의 기본적인 아이디어들을 발전시키고 있었고 'difference'를 의미하는 미분 기호 'd'도 생각해낸 상태였다. 1676년 라이프니츠는 올덴부르크, 콜린스와 미적분학의 문제로 서신 교환을 하고 있었다. 이해 5월에 라이프니츠가 두 개의 급수에 관해 증명해줄 것을 부탁하자 올덴부르크는 뉴턴을 이 교신에 끌어들였다. 올덴부르크를 통해 뉴턴이 라이프니츠의 질문에 답하는 편지를 받아본 뒤 라이프니츠는 올덴부르크에게 뉴턴을 극찬하는 답장을 보냈다.

> 선생님의 편지는 해석학에 관해서 과거에 출판한 많은 두꺼운 서적보다 더 많은 놀랄 만한 아이디어를 포함하고 있습니다. 뉴턴의 발견은 그의 천재성에 걸맞으며 이 사실은 그의 광학 실험과 반굴절 광학기구(반사망원경)로 풍부하게 증명될 수 있습니다.

라이프니츠가 뉴턴에게 또 다른 질문을 하는 편지를 보낸 뒤 얼마 안 있어 그는 런던을 방문했다. 런던에서 콜린스를 만났을 때, 콜린스는 라이프니츠에게 뉴턴이 1669년에 쓴 「무한급수의 해석에 관하여」의 사본과 뉴턴의 편지들을 보여주었다. 라이프니츠가 가고 난 뒤 콜린스는 뉴턴의 허락을 받지도 않고 논문을 보여준 것이 경솔했다고 생각했으나 이미 보여준 것은 물릴 수가 없었다. 콜린스는 이 사실을 뉴턴에게 말하지 않았고 라이프니츠도 침묵을 지켰다. 후에 있을 우선권 논쟁에서 이 모든 것들이 문제가 되었다.

뉴턴의 두 번째 답장은 이런저런 이유로 그 다음해에야 라이프니츠에게 전해졌다. 그 안에서 뉴턴은 무한급수의 문제를 다루면서 「급수와 유동률의 방법에 관한 소논문」에서 다루었던 문제들을 언급했다. 그러나 유동률에 대한 결정적인 언급을 해야 하는 부분에서는 내용을 흐리며 중요한 부분들을 수수께끼 같은 문구로 채워넣었다. 아직 공개적으로 발표하지 않은 내용을 보호하기 위해 일종의 수수께끼 암호로 표시했던 것이다. 뉴턴이 라이프니츠에게 보낸 두 통의 편지는 후에 앞의 것은 전서前書, Epistola Prior, 두 번째 것은 후서後書, Epistola Posterior라고 이름 붙여지는데, 이 편지들은 후에 뉴턴과 라이프니츠의 우선권 분쟁이 일어났을 때 뉴턴의 우선권을 입증해주는 증거로 출판된다.

아마도 라이프니츠는 뉴턴이 보낸 두 통의 편지를 읽고 약간 고민에 빠졌던 것 같다. 뉴턴의 유동률과 자신의 미적분 연구가 유사했고, 또 자신은 이미 뉴턴의 연구를 본 상태라서 표절이라는 누명을 쓸 소지도 농후했기 때문이다. 1677년 두 번째 편지

:: 1699년 파시오 드 듀일리에가 뉴턴을 미적분학이 최초 발견자라고 밝히면서 뉴턴과 라이프니
츠의 우선권 논쟁은 본격화되었다.

이후에도 라이프니츠의 연구가 출판되기까지는 몇 년의 세월이 흘러야 했다.

1684년, 드디어 라이프니츠는 미분학에 관한 논문을 출판했다. 그러나 안타깝게도 그는 논문에서 뉴턴에 대해 전혀 언급을 하지 않았다. 물론 뉴턴은 수학에 관련해서 한 번도 논문을 낸 적이 없었으므로 뉴턴의 이름을 언급하지 않은 것에 대해 라이프니츠 자신은 변명거리를 찾을 수도 있었을 것이다. 그러나 정당한 행동은 아니었고, 후에 우선권 논쟁이 심해지면서 라이프니츠 자신도 이 행동에 대해 여러 번 후회했다고 한다.

라이프니츠의 논문이 출판되고 나서 뉴턴의 연구를 알고 있었던 사람들은 라이프니츠의 연구가 뉴턴의 것과 같은 방법이라는 것을 눈치챘다. 라이프니츠의 것을 먼저 보고 난 뒤 뉴턴의 연구를 알게 된 사람들은 뉴턴의 연구가 라이프니츠 것을 닮았다고 생각했다. 이러는 동안, 라이프니츠와 뉴턴이 원치 않았더라도 누가 누구의 것을 베낀 것인가 하는 말들이 유럽과 영국의 학계에 퍼졌고 두 사람의 귀에도 들어왔다. 한 예로, 파시오 드 듀일리에는 1691년 호이겐스에게 뉴턴의 우선권을 인정하는 편지를 보내기도 했다.

> 수년 전에 씌어진 논문들을 포함해 내가 지금까지 보아온 모든 것들로부터 보건대, 의심할 바 없이 뉴턴 선생은 미분 계산의 최초의 발견자이고 그에 대해 라이프니츠 선생만큼, 아니 그보다 더 많이 알고 있었고, 라이프니츠 선생이 그에 대한 아이디어를 갖기 전부터 알고 있었습니다. 뉴턴 선생이 그 주제

를 다룬 편지를 라이프니츠 선생에게 보냈을 때야 라이프니츠 선생에게 그 아이디어가 떠올랐던 것으로 보입니다. 호이겐스 선생님, 뉴턴 선생의 책 『프린키피아』의 235쪽을 보십시오. 라이프니츠 선생이 「라이프치히 악타^{Leipsig Acta}」(미분 계산을 발표했던 라이프니츠의 논문)에서 그 점에 대해 전혀 언급하지 않았다는 것을 알고 놀라움을 금할 수가 없더군요.

1691년 표절의 소문이 무성해지자 뉴턴도 우선권 방어 준비에 나섰다. 그는 「구적에 관하여」에서 라이프니츠의 미분기호 'dx'나 적분기호 '∫'에 대응하는 기호체계로 '$\dot{x}$'처럼 점으로 미분을 표시하고 'Q'^{quadratura}(구적의 약자)로 적분을 표시했다.

1699년, 드디어 라이프니츠와 뉴턴의 우선권 논쟁에 불이 당겨졌다. 불을 붙인 사람은 파시오 드 듀일리에였다. 그는 「최단 시간을 요하는 강하선의 이중 기하학적 연구」에서 뉴턴이 미적분학의 최초 발견자이며, 라이프니츠는 뉴턴의 아이디어를 가져다 쓴 사람이라고 명시적으로 밝혔다. 1699년이면 듀일리에와 뉴턴의 사이가 소원해진 지 꽤 된 때였지만, 예전부터 워낙 친근했던 사이였으므로 라이프니츠는 뉴턴이 뒤에서 듀일리에를 조종한 것이라고 분하게 여기면서 듀일리에의 주장에 대해 답변을 했다. 이번에도 그의 처신은 비겁했다. 그는 1676년 뉴턴과 교환했던 편지와 그 때 본 논문에 대해서는 침묵하면서, 1684년 자신이 미적분학을 출판했을 때, 뉴턴이 접선을 구하는 방법을 제시했다는 것만 알고 있었다고 거짓말을 했다. 게다가 1705년에는 뉴턴의 「구적에 관하여」에 대해 익명으로 발표한 서평에 뉴턴의 표절을 암시하는 내용을 싣기도 했다. 1708년에는 뉴턴 측의 반격이 있었다. '뉴턴의 사도' 중 한 사람인 존 케일은 『철학회보』에 발표한 원심력에 대한 논문에서 유동률에 대한 뉴턴의 우선권을 재확인하고, 후에 라이프니츠가 '다른 이름과 기호'로 같은 이론을 발표한 것이라고 비난했다.

논쟁의 제 2라운드, 우선권 분쟁에 왕립학회가 끼어들었다. 1711년, 왕립학회 회원이기도 했던 라이프니츠는 학회에 편지를 보내 케일의 논문을 비난하면서 이 문제를 바로잡아 달라고 부탁했다. 이에 대해 학회는 철저히 뉴턴의 입장에서 행동했다. 뉴턴의 미적분학 논문을 발표하는 자리를 마련했고, 존 케일에게는 뉴턴의 우선권을 주장하는 근거를 제출할 기회를 제공해주었다. 다시 라이프니츠가 편지를 보냈다. 왕립학회의 회원으로서 학회가 이 문제를 공정하게 판단해달라는 호소를 담고 있는 편지였다. 뉴턴은 쾌재를 불렀다. 라이프니츠가 전혀 예상하지 못했던 방식으로 뉴턴은 이 기회를 활용했다. 라이프니츠가 문제를 학회에 맡기자 1712년 왕립학회는 뉴턴과 라이프니츠의 미적분학 우선권을 판단해 줄 위원회를 구성했다. 아버스넛, 핼리, 드 무아브르 등의 뉴턴주의자들과, 구색을 맞추기 위한 런던 주재 프러시아 외교관이 포함되었다. 위원회는 라이프니츠에게 증거물 제출도 허용하지 않은 상태에서 조사를 진행했다. 위원회가 내놓을 결과는 너무나 뻔한 것이었다. 1712년 뉴턴은 위원회의 결과 보고서로, 1676년에 라이프니츠에게 보냈던 두 통의 편지를 포함한 『해석학의 발전에 관하여 – 존 콜린스를 비롯한 학자들의 서신 교환집Commercium epistolicum』을 출판하게 해서 우선권 논쟁을 자신에게 유리하게 이끌었다. 라이프니츠로서는 이래저래 불리한 입장이었다. 그는 논쟁의 초점을 바꾸는 방향을 선택했다.

신의 역할에 대한 논쟁
라이프니츠 vs. 클라크

왕세자비 카롤리네는 독일에 있을 때 라이프니츠의 제자로, 특히 라이프니츠의 신학에 대한 신뢰가 컸다. 1715년 왕세자비는 라이프니츠의 신학 관련 책을 영어로 번역할 계획을 세워 그 일을 자신의 지도 목사 중 한 명인 새뮤얼 클라크에게 맡기면서 라이프니츠에게 문의해보라고 권유했다. 클라크는 케임브리지 출신으로, 1704~1705년 강연을 통해 뉴턴주의를 기독교의 보루로 옹호한 바 있고, 1706년에 영어로 출판된 뉴턴의 『광학』을 라틴어로 번역해서 뉴턴의 신뢰를 얻었던 사람이었다. 라이프니츠는 클라크와의 교신을 뉴턴주의의 철학적, 신학적 입장에 대한 공격의 기회로 삼았다. 미적분학 우선권 논쟁에서의 수세를 반전키려는 시도이기도 했다.

1715년 11월, 클라크가 보낸 편지에 대해 라이프니츠가 다음과 같은 답장을 보내며 라이프니츠와 클라크의 논쟁은 시작되었다.

자연종교 그 자체는 (영국에서) 매우 많이 쇠퇴하고 있는 것으로 보입니다. 많은 사람들이 인간의 영혼을 물질로 만들려고 합니다. 또 다른 사람들은 신을 육체를 가진 존재로 만들려고 합니다. …… 아이작 뉴턴 경이 말하길, 우주는 신의 감각기관으로, 신께서 사물을 인식하실 때 사용하는 기관이라고 했습니다. …… 아이작 뉴턴 경과 그의 추종자들은 신의 작업에 대해서도 굉장히 이상한 견해들을 표명하고 있습니다. 그들의 주장에 따르면, 전능하신 신께서는 때때로 그가 만드신 시계(우주)의 태엽을 감고 싶어하신답니다. 그렇지 않으면 시계는 멈추고 말 테니까요. 신께서는 그것을 영구히 운동하게 만들어야겠다는 선견지명을 갖고 계시지 않았던 것으로 보입니다.

이렇게 시작된 논쟁은 라이프니츠와 클라크 사이에 다섯 통의 편지가 오가며 자연종교, 자연의 질서에서 신의 역할, 물질, 힘의 본질 등 형이상학적인 주제들로 발전했다.

신의 역할에 관한 논쟁에서 뉴턴주의와 라이프니츠의 입장 차가 선명하게 드러났다. 뉴턴의 자연에서 물질은 생명이 없는 불활성의inactive 존재이다. 뉴턴에게 무감각한 물질들로 이루어진 자연과 신의 의지는 서로 상보적인 관계로 여겨졌다. 신의 지고의 의지가 개입되지 않는다면, 무감각한 불활성의 물질들이 어떻게 자연의 섭리를 드러내겠는가. 불활성의 물질들로 구성된 자연은 항상 신의 개입을 필요로 했고, 이런 점에서 뉴턴주의 자연관은 기독교 신학과 상보적인 관계를 유지할 수 있었다. 이에 비해 라이프니츠의 자연에서 물질은 살아있는 힘vis viva(오늘날의 운동에너지와 유사한 개념)을 지니고 있는 적극적인 존재이다. 신은 세상을 처음 창조하실 때 미리 우주의 질서를 그 안에 세워놓으셨고 물질이 지니고 있는 살아있는 힘은 그 질서가 이루어지는 한 가지 방식이었다. 라이프니츠는 완전한 존재인 신이, 계속해서 신께서 개입하지 않으면 유지되지 않는 불완전한 자연을 만드셨을 리 없다고 주장하면서 뉴턴주의 자연관을 공격했다. 뉴턴주의자들에게 신을 필요로 하지 않는 라이프니츠의 자연은 무신론으로 빠질 위험이 있기에 피해야 할 것이었다.

사실 라이프니츠와 클라크의 논쟁은 뉴턴과 라이프니츠라는 두 과학자를 넘어서 정치·사회적인 차원을 담고 있는 논쟁이기도 했다. 영국국교회와 자유사상가들 사이의 대립이 논쟁의 정치적인 맥락을 제공하고 있었다. 이 당시 영국국교회에 반대했던 종교적 자유사상가들은 뉴턴주의의 생명 없는 물질관에 반대하며 물질은 활성을 가지고 있다고 주장했다. 이들은 스스로 움직일 수 있는 물질들이 적절한 배열을 이루면 물질이 생각을 낳을 수도 있다고 주장했다. 이는 인간의 의지와 사고의 본질을 물질에서 찾는 유물론적인 주장으로, 무엇보다 종교적인 측면에서 금기시되는 주장이었다. 이렇게 물질들에 의해 생각이 결정된다면, 인간의 자유의지와 선택이 개입될 여지가 사라지고, 이는 종교적 선택의 가능성까지도 원천 봉쇄할 수 있기 때문이다. 한편, 자유사상가들은 합리적인 신이 처음에 세계를 창조할 때 세계가 돌아가는 계획을 그 안에 모두 담아냈다고 생각했다. 영국국교회에 뉴턴의 과학은 자연 세계에서 신의 위치를 마련해 주는 교회의 동반자였다. 그에 비해 라이프니츠의 과학은 국교회에 반대하는 자유사상가들의 주장과 다를 바가 없었으며, 그들은 공통적으로 자연 세계에서 신을 지우려고 하고 있었다. 뉴턴주의나 국교회 모두에게 라이프니츠의 주장은 반박되어야 할 것이었다. 이 점에서 영국국교회와 뉴턴주의는 이해관계를 같이 했다.

사회적인 차원에서 보면 앞선 미적분학 우선권 논쟁과 라이프니츠-클라크 논쟁은 일종의 흥미로운 과학 행사의 성격을 지니고 있었다. 영국 왕세자비 카롤리네가 논쟁의 중매자로 끼어있었고, 논쟁에 왕과 정부, 외교사절 등이 동원되어서 국가적 차원의 관심사로 부각됐던 것이다. 논쟁 당사자들에게, 특히 라이프니츠에게는 끔찍했겠지만 그것을 관람하는 영국과 유럽의 귀족들, 학자들에게는 재미있는 볼거리를 제공해주었다. 과학과 정치에, 종교적인 논쟁까지 덧붙어 있으니 얼마나 수준 높은 볼거리인가. 이 논쟁을 하는 동안 뉴턴 또한 힘들었지만 얻은 것도 많았다. 논쟁이 국가적 관심사가 되면서 뉴턴은 영국의 국가적 자존심을 세워주는 존재가 되었다. 또한 논쟁은 유럽 귀족 사회에서 그를 유명하게 만들어주었다. 결과적으로 이 논쟁이 뉴턴의 정치적, 사회적 역량을 강화시키는 결과를 가져왔다. 처음부터 누가 이기고 지고를 가름하기 힘든 논쟁이었다. 쉽게 끝날 것 같지 않았지만, 1716년 라이프니츠가 세상을 떠나면서 논쟁은 끝을 맺었다.

뉴턴과 라이프니츠 사이에 벌어졌던 우선권 논쟁을 부도덕한, 혹은 괴팍한 과학자들의 욕심으로 이해해야 할까? 우선권 논쟁 자체만 두고 보자면 이는 과학에서 매우 일반적인 현상이라고 할 수 있다. 발견은 순간적으로 이루어지는 것이 아니라 아이디어의 씨부터 시작하여 그것이 싹을 틔우고, 자라서 잎을 드리우고, 꽃을 피워 열매를 맺는 긴 과정을 통해 이루어지는 것이다. 그렇기 때문에 발견이 언제 이루어졌는가는 발견자 자신조차 명확하지가 않다. 보통 발견자들은 아이디어의 씨를 얻는 순간을 발견의 순간으로 회고하지만, 사실 그 씨는 나중에 나올 열매와 색깔도, 맛도, 크기도 다르다. 따라서 뉴턴과 라이프니츠가 우선권을 두고 논쟁을 벌였다는 사실만으로 그들을 부도덕하다고 비난하기엔 문제가 있다. 실제로 문제 삼을 수 있는 건 논쟁의 과정에서 보였던 그들의 처신이다. 뉴턴도 라이프니츠도 모두 깨끗하게 행동하지 않았고, 그것이 논쟁을 더욱 크게 만들었다.

정치에 참여하고, 왕립학회를 개편하고, 뉴턴주의자들을 키워내어 자신의 권위를 높였던 뉴턴의 정치적 행동들이 없었다면 뉴턴의 과학은 지금 어떤 모습일까? 뉴턴이 케임브리지의 은둔자 생활을 계속 했더라도 연구의 탁월성 때문에 과학사에 큰 이름을 남겼을 것이라는 점은 의심의 여지가 없다. 과학자는 과학으로 평가를 받는 사람이니까. 그러나 사회적인 면에서 본다면 은둔자 뉴턴은 18세기에 누렸던, 그리고 현재에도 누리고 있는 만큼의 사회적 명성을 얻지는 못했을 것이다. 특히 18세기 뉴턴주의에 대해 계몽주의자들이 던졌던 칭송은 지금보다는 약했을 것이다.

근대 과학혁명 이후 과학은 학계의 인정과 사회의 인정, 모두를 필요로 하게 되었다. 과학 활동이 전문 직업으로 자리 잡으면서 사회에서도 그 존재를 인정받아야 하기 때문이다. 이런 점에서 과학 활동은 지적 측면과 사회적 측면 모두에 관계된 활동이다. 따라서 과학자들이 자신의 명예와, 권위를 위해 사회적, 정치적 행동을 하는 것을 색안경 쓰고 바라볼 이유는 없다. 그 과정에서 과학자들이 자신의 과학을 왜곡하거나 부풀리지 않았는가, 자신의 이익을 위해 부도덕하게 행동하며 남에게 피해를 주지 않았는가? 우리가 평가해야 할 부분들은 바로 이런 점들이 아닐까 싶다.

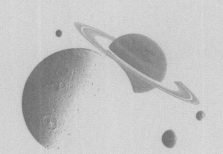

🎤 대화

TALKING

진리의 바닷가에서 놀고 있는 소년 뉴턴

그에게 한 신사가 다가온다.

둘 사이에 우주와 물질의 운동에 대한

이야기가 오고가는 가운데

과학 혁명의 주역들이 한명씩 대화에 함께 참여한다.

이 위대한 과학자들이 나누는

대화 속으로 들어가보자.

René Descartes

바닷가에서 만난 뉴턴과 데카르트

죽기 직전 뉴턴은 자신을 진리의 대양에서 장난치는 소년에 비유했다. 진리의 대양에서 소년 뉴턴은 그가 올라섰던 데카르트, 갈릴레오, 호이겐스와 같은 거인들 및 라이프니츠와 만나서 역학의 주요 문제들에 대해 이야기를 나눈다. 그들의 대화로 들어가보자.

세상이 나를 어떻게 보는지 나는 잘 모르네.

하지만 나는 항상 나 자신을 바닷가에서 장난치는

소년이라고 생각했다네. 앞에는 아직 발견되지 않은

진리의 대양이 펼쳐져 있어서.

이제나저제나 더 매끈한 조약돌과

더 예쁜 조개껍데기를 찾으려고 애쓰는 소년 말일세.

뉴턴이 임종 직전 자신의 일생을 회고하며
『뉴턴과 아인슈타인: 우리가 몰랐던 천재들의 창조성』(창작과 비평사) 중에서

한적한 바닷가 백사장에서 아이가 놀고 있는데 신사 한 명이 와서 말을 건다.

|데카르트| 애야, 너 혼자 뭐하니?

|뉴턴| 파도 피하기 놀이하고 있어요. 파도가 칠 때 움직이지 않고 얼마나 오래 버티나 하는 놀이예요. 그런데, 이것도 곧 못할 거 같네요. 파도가 자꾸자꾸 제 앞으로 와서 버틸 수 있는 시간이 점점 줄어들고 있어요.

|데카르트| 지금이 밀물 때라 그렇단다. 저 멀리에서 바닷물이 몰려 오고 있는 중이거든. 곧 여기까지 바닷물이 올라올 거야. 참, 넌 이름이 뭐니?

|뉴턴| 아이작, 아이작 뉴턴. 영국 사람이에요. 아저씨는 발음이 굴러가는 걸 보니 영국 사람은 아닌 것 같네요. 제가 한번 맞춰볼께요. 음, 프랑스 사람이죠?

|데카르트| 내가 어느 나라 사람일까? 나도 좀 헷갈리네. 프랑스에서 태어난 건 맞는데, 꽤 오래 그곳을 떠나 있었거든. 한 20년 정도 되려나? 난 그냥 유럽 사람 하련다.

|뉴턴| 이름도 말씀해주셔야 공평하죠. 아저씨는 제 이름 들었잖아요.

|데카르트| 아, 그래, 꼬마 양반. 내 이름은 르네 데카르트. 친구들은 그냥 르네라고 부르지. 그런데, 너는 왜 혼자 놀고 있니? 친구들이나 가족은 함께 안 왔어?

|뉴턴| 아이들이랑은 수준이 안 맞아서 못 놀겠어요. 그리고 엄마는 동생들 보기 바빠서 저랑 함께 놀아줄 시간이 없어요. 난 이렇게 혼자 노는 게 오히려 재밌어요.

|데카르트| 그렇구나. 하긴 나도 꽤 오래 혼자 놀곤 했었지. 그것도 나름대로 재미가 있지.

|뉴턴| 아저씨는 가족이 없어요? 아저씨도 나처럼 혼자네요.

|데카르트| 아, 나도 예전엔 프란신이라는 너만한 딸이 있었단다. 정말 예쁜 아이였었는데⋯⋯. 아마 신께서도 나만큼 그 아이를 예뻐하셨는지, 좀 빨리 그분의 나라로 부르시더구나.

|뉴턴| 그분은 제 아빠도 예뻐하셨나 봐요. 제가 태어나기도 전에 아빠를 데려가셨거든요. 앗, 차거워! 아저씨랑 이야기하는 사이에 바닷물이 벌써 여기까지 올라왔네. 아저씨, 아저씨는 왜 밀물이랑 썰물이 생기는지 알아요?

|데카르트| 왜 생기는데?

|뉴턴| 지구 주위를 어떤 물질들이 감싸고 막 회전을 해서 소용돌이를 만들고 있거든요. 그런데 그 물질들이 지나가는 길에 달이 떡하니 버티고 있는 거예요. 달 때문에 이 물질들이 지나갈 길이 좁아질 거 아니예요? 그러면 지구랑 달 사이의 좁은 길을 지나느라 이 물질들의 속도가 빨라지고 옆으로 압력도 가하게 되요. 개천에 물이 흐르다가 돌 같은 게 가로막고 있으면 물살도 빠르고 압력도 세지는 거랑 똑같은 이치로요. 물질들의 압력이 지구를 누르면 지구 땅덩어리야 딱딱하니까 영향이 덜하겠지만, 바다는 그 압력에 밀려서 지구 양 옆으로 쏠리게 되겠죠. 그러면 그렇게 물이 쏠린 지역은 여기처럼 밀물이 생기고 물이 떠나온 곳은 썰물이 되는 거예요.

|데카르트| 하하, 그렇구나. 참 재미있는 설명이야. 그 이야기는 네

가 직접 알아낸 거니?

|뉴턴| 사실은 저도 어디서 읽은 거예요. 어떤 프랑스 철학자가 말했다는데, 이름은……. 아, 르네 데스카르테스^{René Descartes}예요. 어, 그러고 보니 아저씨랑 이름이 비슷하네.

|데카르트| 하하하하하! 데스카르테스라니! 영국인들이란……. 하긴 영어식으로 읽으면 그렇게 읽을 수도 있겠군. 아이작, 사실 그 데스카르테스란 사람이 바로 나란다. 프랑스에선 데카르트라고 읽지.

|뉴턴| 어, 진짜요? 진짜 아저씨가 그 사람이에요?

|데카르트| 못 믿겠니? 그럼 내가 더 이야기 해볼까? 우주는 아주 작고, 보이지도, 느껴지지도 않는 미묘한 물질^{subtle matter}들로 가득 차 있지. 그 물질들이 운동을 하다 소용돌이를 만들어내서 우리 우주가 만들어지고 지금도 계속 운동을 하고 있는 거란다. 내 책에서 내가 우주가 어떻게 만들어졌는지 한참을 설명해놓았는데, 어때, 그 부분도 읽었니?

|뉴턴| 그럼요! 얼마나 재미있게 읽었는데요! 이 우주에 태양계가 우리 것 말고도 여러 개나 더 있다는 것을 보고 얼마나 신기해 했는지 몰라요. 저 어딘가에 또 다른 지구가 있을까? 그 지구 위엔 또 다른 내가 있을까? 혜성에 올라타면 거기까지 갈 수 있을

까? 정말 궁금했어요. 아저씨, 지금 이 순간에 저 우주 너머에 또 다른 내가 있을까요? 나는 그 세계에 어떻게 하면 갈 수 있을까요?

|데카르트| 이런, 너무 어려운 질문들을 던져서 대답을 해줄 수가 없겠는걸. 그건 내가 명징하게 답해줄 수 있는 게 아니라서. 의심의 여지가 없도록 단순한 원리들을 가지고 단순하게 설명하는 게 내 장기인데, 지금 네가 물어본 건 그렇게 하기가 힘든 질문들뿐이구나.

|뉴턴| 에이~, 아저씨가 그 책 썼다더니 그런 것도 대답 못 해 주고. 아저씨 진짜 그 책 쓴 사람 맞아요? 책에서는 거짓말 같은 이야기를 그럴듯하게 잘도 하더만.

|데카르트| 거짓말 같은 이야기라니! 내가 얼마나 심혈을 기울여 연구를 한 건데! 소요학파(아리스토텔레스학파)의 허황된 말장난을 기초가 단단한 철학으로 바꾸어내려고 얼마나 애를 썼는데. 내 철학은 물질과 운동으로 자연 세계에 일어나는 일들을 모두 설명할 수 있어. 합리적인 사람이라면 누구나 이해할 수 있는 물질과 운동만으로 말이다. 그리고 내 설명은 합리적인 이성의 소유자는 누구나 이해할 수 있도록 쉽고 간단하단다.

|뉴턴| 하지만, 아저씨가 말하는 보이지도, 느껴지지도 않는 물질들의 운동이란 것은 확인할 수가 없잖아요? 재미있기는 하지만

너무 가설적이에요. 그러니까, 설명을 잘 하고 있기는 하지만, 그게 맞는지 틀린지 확인할 방법이 없다는 거예요. 제가 얼마 전에 읽은 다른 책에서는 물질에는 활동적인 원리$^{active\ principle}$가 담겨있어서 서로 잡아당기는 힘이 있다고 하던데, 그걸로도 아저씨처럼 밀물과 썰물을 설명할 수는 있지만, 역시 이것도 맞나 틀리나 검증할 방법은 없지요.

|데카르트| 연금술사들의 책을 읽었나 보구나. 거기에 나오는 물질들의 활동적인 원리로 어떻게 밀물을 설명할 수 있는지 이야기해보겠니?

|뉴턴| 그러니까, 음……, 거기서는 물질들이 서로 잡아당기는 힘이 있대요. 그 힘으로 밀물은 이렇게 설명이 되잖아요, 달이 지구를 잡아당기는데, 역시 땅덩어리는 너무 무겁고 딱딱해서 잘 안 움직이고 물만 달의 방향으로 끌려가서 그 쪽에 밀물이 일어난다. 어때요, 아저씨의 소용돌이 이론만큼이나 그럴듯하지요?

|데카르트| 난 동의 못하겠는걸. 물질들끼리 서로 잡아당기는 힘이 있다고 말하는 건 옛날 르네상스 자연주의자들이 물질들은 서로 공감해서 잡아당기느니 반감을 가져서 밀어내느니 했던 것처럼, 마치 물질을 살아 있는 것처럼 의인화시키는 것 같구나. 물질을 의인화시켜서 설명해놓으면 신화에서 나무에는 정령이 있다고 말하는 거나 신들이 노해서 번개를 쳤다고 하는 거랑 뭐가 그리 다르겠니.

|뉴턴| 저도 물질을 의인화시켜서 설명하는 것은 맘에 안 들지만, 서로 잡아당기는 힘 정도는 괜찮지 않겠어요?

|데카르트| 영국에선 어떨지 모르겠는데, 우리 프랑스에선 아마 그 얘기 좋아하지 않을 것 같구나. 아, 저기 누가 오는데……, 눈이 침침해서 잘 보이지가 않네. 아이작, 너는 잘 보이니?

|뉴턴| 네, 노인 한 분을 두 남자가 부축해서 오는데요. 어, 노인 분은 앞이 보이지 않나 봐요. 그리고 부축하는 남자 중에 한 분 이 아저씨를 보고 손을 흔드는데요.

|데카르트| 앞이 안 보이는 노인? 아, 갈릴레오 선생인가 보군. 저 노인네, 망원경이란 걸 만들어서 밤마다 하늘을 보고, 또 태양에 다가도 그걸 갖다 댔으니 눈이 성할 리가 있나. 게다가 지난번에 교황청에서 그리 고생을 하셨으니…….

|갈릴레오| 르네, 그동안 잘 지내셨나?

|데카르트| 안녕하셨어요, 선생님? 어! 호이겐스, 라이프니츠, 자네 들도 왔군. 갈릴레오 선생님, 여기까지 어떻게 나오셨습니까?

|갈릴레오| 호이겐스가 자네한테 간다는 말을 듣고 나도 데려가 달 라고 부탁했지. 눈이 어두우니 어디 혼자 다닐 수가 있어야지. 원, 집에만 있으면 갑갑해서……. 자네도 알지 않나, 내가 집에

틀어박혀서 살 성격이 아니란 걸. 오랜만에 자네 만나서 운동학 이야기도 하고 싶기도 하고.

|데카르트| 참, 지난번 교황청 사건 이후엔 천문학에서 손을 떼셨다면서요? 그러면 지금은 운동학만 연구하고 계신가요?

|갈릴레오| 응, 그때 좀 놀라서 천문학은 자제하는 중이지. 뭐, 곧 신께서 이 늙은 몸 부르실 테니 더 이상 천문학 할 일은 없지 않을까 싶네. 교황께서는 몰라줬지만 신께서는 내 진심을 알아주실 거야.

|데카르트| 저는 선생님 재판 소식 듣고 깜짝 놀라서 태양중심설에 관한 책을 출판하려다 그만 두었지 뭡니까. 선생님은 어디서 그런 용기가 나서 그런 대담한 책을 출판하신 겁니까? 게다가 처음엔 교황청 허락까지 받으셨다면서요?

|갈릴레오| 자네도 알지 않나, 교황 성하(우르바누스 8세)께서 피렌체에 계실 때 나랑 각별한 사이였다는 것을. 피렌체에서 추기경으로 계실 때 내 몇 번 태양중심설에 대한 이야기를 말씀드린 적이 있어서 좀 믿는 구석이 있었지. 그리고 교황청에는 태양중심설과 지구중심설을 동등하게 비교하는 글을 쓴다고 해서 허가를 받아냈어. 사실, 난 나름대로 균형 있게 비교하려고 했는데, 어쩌겠나 지구가 태양 주위를 돈다는 것이 너무나 명백한 것을……. 내 딴에는 태양중심설의 문제도 좀 지적하고, 지구중심

설에서 제기하는 반론도 좀 소개해주려고 했는데, 명백한 사실들이 자꾸 지구중심설을 공격하게 만들더라고. 지금은 운동학 연구를 하는데, 사실 그 문제도 태양중심설이랑 연결이 된다네. 내가 책에서 언급했던 것처럼 지구가 움직이게 되니까 골치 아픈 일들이 많이 생겼거든. 왜 사람들은 움직이는 지구 위에 있으면서도 어지럽지 않은지, 왜 지구 밖으로 내팽겨쳐지지 않는지, 왜 지구가 도는데도 위로 던진 공은 내 뒤나 앞으로 떨어지지 않는지…… 진작에 이렇게 골치 아픈 것들이 많은 줄 알았었다면 그냥 지구를 움직이지 말게 할걸 그랬어.

|데카르트| 하하, 그게 저희 뜻대로 된답니까? 그래, 어떤 식으로 그 문제들을 해결하셨나요?

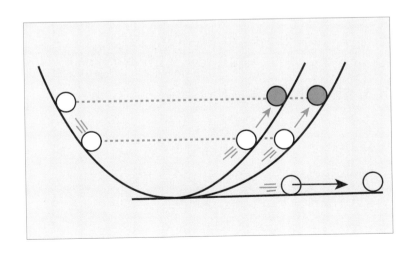

|갈릴레오| 관성이란 개념을 끌어들였어. 자네 매끈매끈하게 닦은 반원형 궤도의 한쪽 끝에서 공을 굴리면 어떻게 되는 줄 아나?

|데카르트| 공이 반대쪽 궤도 끝까지 올라가지 않습니까?

|갈릴레오| 그렇지. 내 그 실험을 조금 바꿔서 반대편 곡면을 길게, 대신 처음이랑 높이는 같게 만들어봤지. 그랬더니 공을 처음 떨어뜨렸을 때랑 똑같은 높이로 올라가더군. 대신 공이 굴러간 길이는 늘어났고. 그렇다면 반대편이 평평하면 공은 어떻게 될까? 자네는 어떻게 될 것 같나?

|데카르트| 처음 높이를 만날 때까지 계속해서 굴러가야 할 것 같습니다.

|갈릴레오| 내 생각도 그랬다네. 게다가 그렇게 공이 땅 위를 계속 굴러가는 것은 얼마나 자연스러운 일인가! 땅 위를 계속 굴러가면 동그란 지구 표면을 따라 움직이는 거니 공은 원운동을 하게될 텐데, 아리스토텔레스가 원운동을 자연스런 운동이라고 말하지 않았던가. 그 철학자 양반은 가끔 틀린 이야기를 좀 하셔서 지금 이사람 저사람한테 비판을 받고 있기는 하지만, 틀린 말만큼이나 맞는 말도 많이 하셨으니까. 어쨌든, 공이 계속 굴러간다는 점에서 관성이라는 생각을 해냈지. 우리는 보통 물체가 움직이려면 외부에서 뭔가를 해줘야 한다고 생각하지만, 오히려 그 반대가 아닐까 하고. 외부에서 건드리는 것이 없으면 물체는 자

기가 하던 운동을 계속 하는 거지. 그것이 정지든, 운동이든 간에. 결국 운동은 어떤 변화를 의미하는 게 아니라 물체의 상태를 지칭하는 말이 되는 거지. 물체가 운동하고 있는 상태, 아니면 물체가 정지해 있는 상태 하는 식으로. 자네, 내 말을 이해할 수 있겠나?

|데카르트| 좀 어렵긴 하지만 대충 이해가 되는 것 같습니다. 그런데 선생님, 저는 원운동과 관성을 연결짓는 것에는 좀 동의하기가 힘듭니다. 제 눈앞에 보이는 운동은 분명히 직선운동이니까요. 외부에서 어떤 방해물도 작용하지 않으면 물체는 원운동이 아니라 직선운동을 계속하게 되지 않겠습니까?

|갈릴레오| 직선이라……. 자유낙하하는 물체들을 빼면, 직선운동을 하려면 밖에서 힘을 가해야 하지 않겠나?

|데카르트| 선생님, 제 생각에는 지금 선생님의 말씀은 다시 아리스토텔레스에게 돌아가는 것처럼 들립니다. 아, 여기 아직 아리스토텔레스에 물들지 않은 사람이 있으니 이 친구의 의견을 한번 물어보지요. 아이작, 너는 어떻게 생각하니?

|뉴턴| 할아버지랑 아저씨 말이 너무 어려워서 잘 모르겠지만, 직선이랑 원 중에 하나 택하라고 하면 직선 택할래요.

|갈릴레오| 아니, 왜?

|뉴턴| 집에서 모형 풍차도 만들어보고 모형 물레방아도 만들어보고 그랬지만, 원운동을 하게 만드는 것이 더 어려웠어요. 직선운동이야 그냥 공을 또르르 굴리기만 해도 되잖아요.

|호이겐스| 선생님들 말씀에 끼어들어도 될까요? 저도 이 꼬마처럼 직선으로 운동하는 것이 더 자연스러워 보입니다. 제가 요즘 원운동하는 물체가 바깥으로 날아가려고 하는 경향, 저는 이것을 원심적 경향이라고 부르는데요. 이 크기가 얼마나 될까를 계산 중인데, 여간 복잡하지가 않더라구요. 직선운동이야 그보다는 쉬우니, 단순한 것이 더 자연스러운 것이 아닐까 싶습니다.

|갈릴레오| 호이겐스 자네야 데카르트의 수제자 아닌가. 자네 아버님과 데카르트가 친구라서 어렸을 때부터 데카르트의 이론을 귀가 닳도록 들어서 직선운동이 자연스럽게 보일 수도 있을 테지. 하지만, 물체가 직선운동을 계속하기 위해서는 그 운동을 계속 유지하게 하는 뭔가가 필요하다고 생각하네. 내게는 여전히 관성은 원운동에만 해당할 뿐이거든.

|호이겐스| 선생님께서 저를 그저 맹목적인 데카르트주의자로 보시는 듯해서 기분이 좀 안 좋네요. 아시겠지만, 저는 데카르트 선생님께서 물체의 충돌 법칙을 틀리게 말씀 하신 것을 지적하고 제대로 고쳐놓기도 했습니다. 데카르트 선생님의 세계관을 따르고 있지만, 무비판적으로 수용하고 있는 것은 아니라는 점을 기억해주시면 좋겠습니다.

|갈릴레오| 이런, 내가 호이겐스 선생에게 실례를 범했군. 저 조그만 아이부터 자네까지 다들 직선 관성을 옹호하니 궁지에 몰려서 내가 좀 실수를 했네. 미안하네.

|호이겐스| 제 뜻을 오해 없이 받아주시니 제가 오히려 감사드립니다. 직선운동이 유지되는 것에 대해서 다시 말씀드리자면, 그것 때문에 데카르트 선생님께서 처음 신께서 물체에 운동을 주셨다고 하셨잖습니까. 그 운동의 양이 사라지지 않고 보존이 되니까 계속 운동이 이루어지는 것이겠지요.

|라이프니츠| 옆에서 듣고만 있자니 좀이 쑤시네요. 저도 한 말씀 거들겠습니다. 제 생각엔 물체가 계속 운동을 할 수 있는 것은 물체에 '살아있는 힘$^{vis\ viva}$'이 부여되어 있기 때문이지요. 신께서 처음 세상을 만드실 때 이후에 있을 세상의 조화를 염두에 두시고 물체에 살아 있는 힘을 주신 것이지요.

|뉴턴| 음……. 그러면 신은 처음에 살아있는 힘을 물체에 넣어주신 다음에는 물체의 운동에 대해서는 딱히 할 일이 없으시겠네요?

|라이프니츠| 애야, 신은 완벽하신 분이란다. 이 세상을 불완전하게 창조하실 분이 아니지. 요즘 시계 만드는 사람들은 정말 엉성하게 시계를 만들어서 계속 수리해줘야 시계가 제대로 움직일 수 있더구나. 신께서 그런 시계 수리공처럼 세계를 만드셨다면 신

께서는 지금도 계속 세계를 수리하시느라 정신이 없으실 거야. 하지만 신의 지혜는 완전하니까 처음부터 완전한 세계를 만드셔서 신께서 중간에 수리할 일이 없도록 하셨지. '살아 있는 힘'은 그런 완전한 신의 설계를 가능하게 하는 중요한 개념이란다.

|뉴턴| 하지만 이렇게도 생각할 수 있잖아요. '신은 우리 옆에 계속 있고 싶어하셔서 일부러 신께서 개입할 여지를 남겨놓으셨다'라고요. 계속해서 우리 옆에 있으면서 우주라는 시계가 제대로 작동할 수 있도록 간섭해주시는 게 더 신의 섭리와 영광을 드러내주는 방식일 수도 있잖아요.

|라이프니츠| 네 이야기는 신학자들이 좋아할 만한 이야기구나. 그렇지 않아도 요즘 들어 자연에서 신의 자리를 좁혀가는 것에 대해 불안해들 하고 있는 것 같던데, 네 이야기를 들으면 자연에 신이 있을 자리를 확보해놓았다고 환영하겠구나.

|뉴턴| 어, 데카르트 아저씨가 안 보이네요?

|호이겐스| 그 양반, 아마 낮잠 자려고 들어가셨을 거야. 잠이 워낙 많아서……. 그런 분을 스웨덴 여왕이 새벽 5시에 일어나라고 해서 결국 감기에 걸리고 말았다더구나. 너도 들어가 눈 좀 붙이지 그러니?

|뉴턴| 저는 여기서 밀물이랑 달이랑 구경해야 해요. 아까 데카르

트 아저씨랑 그 이야기하고 있었는데, 더 하고 싶은 이야기가 있
는데 아저씨가 들어가 버렸네요. 아저씨에게 밀물 설명이랑 달
모양이랑 잘 안 맞는다는 것을 말씀드려야 하는데…….

이슈

ISSUE

인류 역사상 가장 위대한 과학자 중 한 명인 뉴턴도
라이프니츠와 우선권 문제로 갈등을 겪었다.
과학이 발전하면 할수록 점점 더 치열해지는 우선권 논쟁.
우리는 과연 이 문제를 어떻게 바라봐야 할까?

René Descartes

과학 발견의 우선권 논쟁

과학의 역사를 보면 동시발견 혹은 복수발견의 사례는 아주 많다. 과학사에서의 복수발견 사례를 연구했던 과학사학자 로버트 머튼$^{Robert Merton}$도 과학자 한 명의 단독발견보다 여러 명이 비슷한 시기에 유사한 이론을 알아내는 복수발견이 과학 활동의 더 일반적인 모습이라고 지적한 바 있다. 과학사학자 토머스 쿤$^{Thomas Kuhn, 1922~1996}$도 에너지보존법칙이 10명도 넘는 과학자들에 의해 이런저런 형태로 동시 발견이 된 사례를 통해 이렇게 다수의 과학자들을 동시 발견으로 이끈 과학적 맥락과 사회적·문화적 맥락들을 분석했다.

우리에게 동시 발견은 흥미로운 일화로 읽힐 수 있겠지만, 과학자들에게는 정말 골치 아픈 문제다. 수년 동안 고생해서 힘들게 알아냈는데, 다른 사람이 이미 발견해놓았다는 것을 알았다면 어떤 기분이겠는가. 혹은 독창적인 아이디어로 발전시킨 이론에 대해 누군가가 자신의 것을 베꼈다고 시비를 건다면 얼마나 억울하겠는가. 동시발견은 누가 먼저 발견했는가, 누구의 아이디어가 독창적인 것인가에 대한 우선권 논쟁과 얽혀있는 경우가 많다. 왕립학회와 같은 과학단체에는 우선권을 보장해주는 여러 가지 제도적 장치들이 마련되어 있는데 왕립학회의 초기 회의록에서도 과학자의 착상의 우선권을 보호하기 위한 기록을 찾을 수 있다.

> 어떤 회원에게 아직 완성되지 않은 철학적 관념이나 발견이 있고, 그것을 상자 속에 봉인해서 그것이 완성되어 공개될 수 있게 될 때까지 서기들 중 한 사람에게 예치하기를 희망하면, 발견들을 그 주인에게 더 잘 확보시켜주기 위해 허용될 수 있을 것이다.
>
> 로버트 K. 머튼의 「과학에서의 단독발견과 복수발견」,
> 『근대사회와 과학』(창작과 비평사)

이런 사실 자체가 과학사에서 우선권에 대한 논쟁이 얼마나 치열했는지를 보여주는 증거이기도 했다.

다윈Charles Darwin, 1809~1882과 월리스Alfred Russell Wallace, 1823~1913, 헬름홀츠Hermann von Helmholtz, 1821~1894와 줄James Prescott Joule, 1818~1889, 벨Alexander Graham Bell, 1847~1922과 그레이Elisha Gray, 1835~1901. 이들 세 쌍의 공통점은 같은 이론을 거의 비슷한 시기에 발견한 동시 발견자들이라는 점이다. 다윈과 월리스는 자연선택에 관한 진화론을, 헬름홀츠와 줄은 에너지보존법칙을, 벨과 그레이는 전화를 동시

에 발견 혹은 발명한 것으로 유명하다. 그레이가 한발 늦게 가서 전화기 특허가 벨에게 넘어갔다는 일화는 "2등은 기억되지 않습니다"라는 문구와 함께 한 광고에 등장하기도 했다.

다윈과 월리스의 진화론도 과학사에서 매우 유명한 동시발견 사례 중 하나이다. 다윈은 자연선택에 관한 진화론을 1844년 무렵 이미 생각해놓고도 그 이론이 가져올 사회적·종교적인 파장과 과학계의 비판 때문에 발표를 주저하고 있었다. 1858년 어느 날, 다윈 앞으로 우편물이 도착했다. 다윈의 『비글호 항해 Journal of the Voyage of the Beagle』에 감명받아 아마존과 말레이 반도로 탐험을 나갔던 월리스라는 사람이 종의 진화에 대한 논문을 작성하였다며 읽어봐 주기를 부탁하는 내용이었다. 한장 한장 넘길 때마다 다윈의 얼굴은 점점 굳어져 갔다. 자신이 오랫동안 준비해오던 자연선택에 관한 진화론과 주장이나 과학적 증거가 너무나 비슷했던 것이다. 심각한 문제였다. 이미 월리스의 원고를 읽은 상태에서 다윈의 연구를 발표할 경우 월리스가 자신의 원고를 베낀 것이라고 주장하면 낭패였다. 더군다나 다윈은 이와 관련된 연구를 공식적으로 발표한 적이 한 번도 없었고, 아주 친한 두세 명의 친구들에게만 말했을 뿐이었다. 잘 알려져 있다시피, 다윈의 문제는 아주 '행복하게' 마무리 되었다. 다윈의 친구였던 조시프 후커 Joseph Dalth Hooker, 1817~1911의 중재로 두 사람은 공동 명의로 진화론을 발표했다. 다윈과 월리스의 사례는 명백한 공동 발견이었으면서도 우선권 논쟁이 없었던 아주 드문 경우에 해당한다.

우선권 확보를 위한 노력들

논문 조작 사건에 가려 주목을 받지는 못했지만 황 우석 교수의 줄기세포 연구에도 우선권의 문제가 한 부분을 차지하고 있었다.

서울대 산학협력재단의 김현중(산림과학부 교수) 사무운영본부 장은 3일 "황 교수팀이 오늘 산학협력재단을 통해 2005년 논 문과 관련한 PCT 국제특허를 출원했다"고 밝혔다.

이로써 황 교수팀의 환자 맞춤형 줄기세포 관련 특허는 국제 적으로 우선권을 보장받지 못할 위기에서 일단 벗어나게 됐 다. 황 교수팀은 2005년 논문 관련 특허를 지난해 2월 4일 처 음 국내에 출원했다. 이후 황 교수팀은 국제특허를 출원하기 위해 1년 이내 PCT 신청을 해야 함에도 마감일인 4일을 3개 월여 앞두고 논문조작 사건에 휘말려 특허 자체가 무산될 위 기에 처했었다.

그동안 일각에서는 황 교수팀의 2005년 논문이 조작돼 환자 맞춤형 체세포 복제 배아줄기세포가 하나도 만들어지지 않은 것이 명확해진 이상 국제특허가 등록될 가능성이 거의 없다는 견해가 있었다.

김 본부장은 그러나 "특허는 논문조작과는 다른 차원의 문제" 라며 "아이디어 차원에서도 채택될 수 있다"고 말했다. 특허 관련 몇몇 전문가는 윤리성보다 실행 가능한 기술인지에 중점 을 두는 영국 등에서 환자 맞춤형 줄기세포가 특허로 인정받 을 수 있다는 점을 들어 반드시 국제특허를 얻어내야 한다고 강조하고 있다. 영국의 과학잡지 『뉴사이언티스트』도 앞서 지난달 20일 유럽에서는 황 교수팀의 줄기세포 관련 기술의 특허가 가능하다고 보도했다.

황 교수팀이 2005년 논문과 관련 국제특허를 획득하고, 이 특허가 국제사회에서 지배적인 기술로 인정받기만 하면 경제적인 이득은 상상을 초월할 것으로 보인다.

『세계일보』 2006년 2월 4일

상황이 그리 좋게 흘러가고 있지는 않은 가운데서도 2006년 2월 황우석 교수팀은 줄기세포 관련 국제특허를 신청했다. 국제특허가 가져올 '상상을 초월할' 경제적인 이득도 중요하지만, 무엇보다 과학에서는 최초 발견이 가져오는 명예를 높이 평가하기 때문에 우선권을 확보하는 차원에서 국제특허를 신청한 것이다.

로버트 머튼이 말했듯이 지리적으로나 지적으로 독립적으로 활동하며 서로의 연구를 전혀 몰랐던 다수의 과학자들이 거의 비슷한 시기에 동일한 연구 결과를 내놓는 복수발견이 단독발견보다 더 자주 일어난다. 하지만 과학에서는 독창적인 연구를 내놓는 것에 높은 가치를 부여하기 때문에 최초의 발견만이 그 독창성에서 인정을 받게 된다.

이런 이유 때문에 과학자의 입장에서는 발견의 우선권을 확보하는 일이 무척 중요하다. 오늘날은 특허를 내거나 국제적인 저널 혹은 학회에 논문을 발표하는 식으로 우선권을 확보하는 방식이 비교적 공식화 되었지만, 이런 것들이 자리 잡기 전 과학자들은 우선권을 확보하기 위해 다양한 방편들을 사용했다. 잠재적 경쟁자에게 연구의 진행 경과를 알리는 편지를 보내는 것도 많이 사용하는 방법 중의 하나였다. "내가 이만큼 해놓았으니 만약 당신이 이 연구를 하고 있다면 포기하는 것이 낫지 않겠어"라는 표현으로 상대방의 연구 의지를 꺾어놓는 것이다. 편지를 보낼 때는 사본을 잘 보관하고 제3자를 서신 교환에 참여시켜서 나중에 문제가 생겼을 때를 대비해야 하는 것은 물론이다.

미적분학 우선권 논쟁에서 라이프니츠를 곤란스럽게 했던 1676년 뉴턴이 보낸 두 통의 편지가 이 경우에 해당한다. 물론 뉴턴이 처음부터 우선권 확보를 염두에 두거나 라이프니츠를 잠재적인 경쟁자로 여기고 의도적으로 편지를 보냈던 것은 아니었지만, 두 통의 편지는 후에 뉴턴의 우선권 주장에 중요한 근거로 활용되었다. 뉴턴은 그 편지들에서 그가 개발한 유동률법에 대해 자세히 설명을 하다가도 결정적인 부분은 모호하게 표현하여서 자신의 연구를 보호하려 했다. 심지어 뉴턴은 그 편지에 암호를 집어넣기까지 했고 후에 우선권 논쟁이 불거졌을 때 그 암호를 풀어서 자신이 이미 1676년에 유동률법에 도달했었다는 것을 보였다. 또한 뉴턴과 라이프니츠 사이에 오간 편지는 항상 올덴부르크나 콜린스를 중재자로 해서 전달되었다. 라이프니츠가 올덴부르크나 콜린스에게 편지를 보내면 그들이 뉴턴에게 다시 편지를 보내고, 뉴턴이 올덴부르크나 콜린스에게 답장을 쓰면 그것이 다시 라이프니츠에게 전달되는 식이었다. 뉴턴과 라이프니츠 사이에 오고 간 내용들은 두 사람만의 비밀이 아니었던 것이다. 올덴부르크가 알거나 콜린스가 알았고, 또 그들을 통해 과학계의 사람들이 알게 되었다.

이 외에도 과학자들은 우선권 확보를 염두에 두고 아직 채 완성되지 않은 연구를 예비적으로 배포하거나 연구 기록 일지를 세심하게 작성하여 놓기도 한다. 이번 황우석 교수팀에 대한 서울대 조사에서 황 교수팀의 연구일지가 줄기세포 연구의 진행 과정을 파악하는 데 중요한 자료로 활용되었는데, 이런 실험실의 연구일지는 연구의 진행 과정을 정리하는 역할과 함께 발견의 우선권 분쟁이 일어났을 때 정확한 발견 시점들을 알려주는 역할을 하기도 하는 것이다.

뉴턴이 왕립학회에 망원경을 보냈을 때도 왕립학회 간사 올덴부르크는 '외국인들의 권리침해로부터 이 발명품을 보호할 조치가 필요하다'고 생각했고, 새로운 발명품과 고안품을 사기성 있는 제3자가 진짜 저자로부터 탈취하는 일이 흔히 있으므로 학회 차원에서 우선권을 보호하려는 노력을 하기도 했다.

이상에서 본 것처럼 과학에서의 우선권 확보는 과학자들에게 절대로 쉽게 넘어갈 수 없는, 그래서 골치 아픈 문제임에 틀림없다. 게다가 오늘날에는 과학적 발견들이 엄청난 경제적 이익과 직결되는 일들이 많아졌으니 더욱 그럴 수밖에 없게 되었다. 예전보다는 우선권을 확보하는 방식이 공식화되어서 암호 편지를 남길 필요는 없어졌지만, 오늘날에는 이와 관련하여 예전에 없었던 문제들이 새로 등장했다. 황우석 교수의 줄기세포 연구에서도 잘 드러났던 것처럼 오늘날에는 한 주제의 연구를 과학자한 명이 할 수 있는 경우는 거의 없다. 수십 명, 많을 때는 수백명의 과학자가 공동 연구를 하고 공동 저자로 논문을 발표한다. 실험실 단위를 넘어 국제적인 수준의 협력 연구가 이루어지는것이다. 이렇게 국제적인 수준에서 협력 연구가 이루어지면서,

논문의 독창성에 대한 권리를 누가 얼마나 가질 것인가를 따지는 것이 새로운 문제로 등장했다. 황우석 팀과 피츠버그 대학의 새튼 교수팀 사이의 특허 지분을 둘러싼 갈등도 여기서 연유한 것이라고 할 수 있겠다.

과학이 독창적인 아이디어를 먼저 낸 사람에게 가장 큰 명예를 부여하는 한, 우선권 분쟁은 과학계에서 끊임없이 제기될 것이다. 그러나 어찌하랴, 그것이 과학 활동의 특징인 것을.

에필로그
Epilogue

EPILOGUE1

지식인 지도

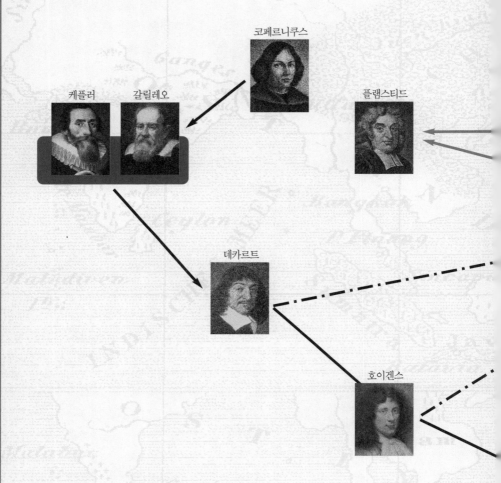

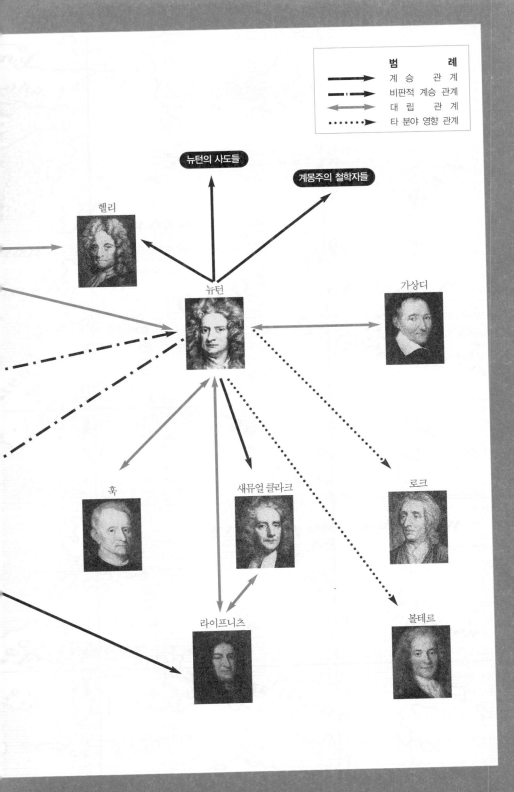

범   례

계 승 관 계
비판적 계승 관계
대 립 관 계
타 분야 영향 관계

뉴턴의 사도들

계몽주의 철학자들

헬리

가상디

뉴턴

훅

새뮤얼 클라크

로크

라이프니츠

볼테르

지식인 연보

• 데카르트

1596	투렌라에(현재의 Descartes) 지방의 외할머니 집에서 3월 31일 출생
1597	5월 13일, 데카르트의 어머니 사망
1606	라 플레슈 예수회 기숙학교 입학
1609	케플러, 『신천문학』에서 케플러 제1, 2법칙 발표
1614	라 플레슈를 떠나 파리행
1616	포이티에 대학(University of Poitiers)에서 법학으로 학위 받음
1618	네덜란드 마우리츠 공의 군대에 용병으로 들어감
1619	베이크만의 지도와 격려 아래 역학, 수학 연구 케플러, 『우주의 신비』에서 케플러 제3법칙 발표
1626	굴절 법칙 발견 지각에 대한 기계론적 해석 시도
1628	네덜란드로 이주
1632	『빛에 관하여』, 『인간에 관하여』 집필 시작 갈릴레오, 『두 가지 주된 우주구조들에 관한 대화』 출판, 종교재판 회부
1635	딸 프란신 태어남
1637	『방법서설』과 『굴절광학』, 『기상학』, 『기하학』 3부작 출판
1640	9월, 딸 프란신 열병으로 사망
1641	『성찰』 출간

1642	갈릴레오 사망, 영국 내전 시작
1644	『철학의 원리』 출판
1649	스웨덴에 가서 크리스티나 여왕에게 철학을 가르침
1650	2월 11일 폐렴으로 사망

• 뉴턴

1642	크리스마스에 링컨셔의 울즈소프에서 유복자로 탄생
1660	왕립학회 설립됨
1661	케임브리지 입학
1663	데카르트 『기하학』 공부
1665	흑사병 창궐로 고향에 돌아옴
1666	광학, 역학, 기하학의 중요 아이디어 얻음, 기적의 해
1666	프랑스 과학아카데미 설립됨
1669	루카스 수학 석좌교수가 됨
1671	반사망원경 제작
1672	왕립학회에 빛의 구성에 관한 논문 제출
1679	원운동에 관한 훅의 편지 받음
1687	『프린키피아』 출간
1688	케임브리지 대표로 하원 진출
1688	영국 명예혁명
1699	런던으로 이주
1699	조폐국장에 임명됨
1703	왕립학회 회장에 선출됨, 훅 사망
1704	『광학』 출간
1705	기사에 서훈됨

키워드 찾기

• **자연철학** natural philosophy 19세기 중엽까지 자연을 연구하는 분야를 자연철학이라고 불렀다. 오늘날의 자연과학에 해당하지만, 심리학까지 포함할 정도로 그 범위가 넓었다. 홉스는 다루는 주제에 따라 철학을 자연철학(자연), 도덕철학(인간), 정치철학(사회)으로 나누기도 했었는데, 이것들이 동일한 근본원리에서 출발한다고 생각했다.

• **기계적 철학** mechanical philosophy 자연현상을 자체 생명력이 없는 불활성 물질과 그 물질의 운동으로 설명하는 17세기 자연철학의 설명 방식의 하나. 데카르트가 기계적 철학의 가장 대표적인 인물로, 그는 자연현상이 세상을 가득 채운 작은 물질들의 충돌에 의해 일어나는 것이라고 설명했다.

• **소용돌이 이론** vortex theory 데카르트의 기계적 철학에서는 우주가 눈에 보이지 않는 물질들로 가득 차 있으며 그 물질들은 옆의 물질들과 끊임없이 충돌을 일으켜서 충돌의 연쇄가 거대한 소용돌이를 만들어낸다고 설명했다. 데카르트는 이 소용돌이로 태양계의 형성 및 행성의 궤도 운동, 지구의 중력과 조수현상을 설명했다.

• **과학혁명** scientific revolution 16~17세기 서유럽 사회에서 일어난 사건으로, 프톨레마이오스의 지구중심설이 코페르니쿠스의 태양중심설로, 아리스토텔레스주의 자연철학이 갈릴레오, 데카르트, 뉴턴 등에 의해 만들어진 근대역학으로 대체되게 되었다. 과학혁명을 통해 근대과학이 탄생했으며, 과학이 그 자체로 추구할 만한 가치가 있는 학문이라는 인식이 사회적으로 인정받으면서 과학의 사회적 지위가 올라갔다.

• **외연과 플레넘** extension & plenum 데카르트의 기계적 철학에서는 물질을 기하학적으로 공간을 점유하고 있는 것이라고 생각해서 외연이라고 불렀다. 외연이라는 말에는 어떤 질적인(qualitative) 속성도 지니지 않은 채, 공간 속에서 일정한 부피를 차지하고 있다는 의미가 담겨있다. 이렇게 물질이 공간과 동일시되면서 데카르트 기계적 철학에서는 공간은 물질로 가득차 있는 '플레넘', 즉 충만 상태라고 생각했고, 진공은 불가능하다고 여겼다.

• **색깔의 변형 이론** modification theory 우리가 보는 여러 가지 색이 백색광의 변형의 결과라고 보는 이론. 프리즘이나 물처럼 다른 매질을 통과하면서 백색광에 변형이 생겨서 여러 가지 색깔이 보인다는 이론으로, 아리스토텔레스의 겉보기 색깔에 대한 설명이나 데카르트의 색 이론이 변형 이론에 해당한다.

• **유동률** fluxion 뉴턴의 미적분학을 부르는 이름. 뉴턴은 선을 기하학적 점이 남기고 간 궤적으로, 즉 기하학적인 도형들을 점의 운동 결과로 이해했다. 그의 미적분학은 이런 점들의 운동의 변화를 다루는 것이었는데, 이런 면에서 끊임없는 변화라는 뜻을 지닌 'fluxion', 즉 '유동률'이라는 명칭을 붙이게 되었다.

• **결정적 실험** crucial experiment 두 개의 경쟁하는 과학 이론 중에서 어느 것이 옳은 것인지를 판가름하게 해주는 실험. 뉴턴은 프리즘을 통해 단색광의 불변성을 보인 실험을 '결정적인 실험'이라고 불렀는데, 이는 데카르트의 변형 이론과 자신의 단색광 이론 중에 어느 것이 옳은지를 그 실험이 결정해준다고 생각했기 때문이다.

깊이 읽기

• 존 코팅엄, 『데카르트』 - 궁리, 2001

데카르트의 생애와 그가 이룬 업적들이 궁금한가? 그렇다면 존 코팅엄이 쓴 『데카르트』를 읽어보는 것은 어떨까? 이 책으로 데카르트에 대한 워밍업이 되었다면 데카르트가 쓴 책들을 직접 읽어보는 것도 괜찮다. 우리가 교과서에서 만난 합리론 철학자 데카르트는 딱딱하고 재미없는 사람처럼 보이지만, 실제로 그가 쓴 글을 읽어보면 상상력이 풍부하고 자상한 철학자의 모습을 발견할 수 있다. 다행히 데카르트의 철학적인 저술들은 번역되어 있는 것이 많으니 그중에서 한 권 골라 읽을 수도 있어서 더 좋다.

• 데카르트, 『방법서설』, 『성찰』, 『철학의 원리』

『방법서설』, 『성찰』, 『철학의 원리』를 통해 데카르트가 추구했던 명징한 진리에 도달하는 방법을 한번 배워보자. 『철학의 원리』에서는 데카르트의 자연관, 기계적 철학을 만날 수 있으니 꼭 한 번 읽어보기를 권한다. 아쉬운 것은 『방법서설』에 이어지는 3부작 『기상학』, 『굴절광학』, 『기하학』의 경우 제대로 된 한글 번역본이 나오지 않았다는 점이다. 데카르트는 자연을 탐구한 자연철학자보다는 철학자로 워낙 유명해서 상대적으로 그의 자연철학 저술들은 제대로 소개되지 못하고 있다.

• 리처드 웨스트폴, 『Never at Rest: A Biography of Isaac Newton』 - Cambridge University Press, 1983

뉴턴에 대한 가장 신뢰할 만한 전기. 과학사학자 리처드 웨스트폴이 썼다. 900쪽이 넘는 분량도 부담스럽지만, 영어판만 있어서 선뜻 읽고 싶은 생각이 나지 않을 수도 있다.

• 리처드 웨스트폴, 『프린키피아의 천재』 - 사이언스북스, 2001

『Never at Rest』가 너무 방대하다면 그 책을 축약해놓은 『프린키피아의 천재』를 읽어보는 것은 어떨까? 편지, 일기, 왕립학회 의사록 등 다양한 역사적 자료들을 바탕으로 뉴턴의 모습을 생생히 그려내고 있다. 이 책에 나온 원자료들은 상당수가 그 책에서 인용한 것으로, 문맥이 어색한 부분 일부를 조금 다듬은 것을 제외하면 그 책의 번역을 그대로 따랐다.

· 홍성욱 외 『뉴턴과 아인슈타인: 우리가 몰랐던 천재들의 창조성』 – 창비, 2004

뉴턴에 대한 앞의 두 책이 조금 무겁다 싶으면 이 책으로 시작해보는 것도 괜찮다. 뉴턴과 아인슈타인을 비교하면서 과학계 천재들의 창조성이 어디에서 연유하고 있는가를 묻는 책이지만, 뉴턴에만 관심이 있는 경우라도 재미있게 읽을 수 있다.

· 뉴턴, 『프린키피아』

혹같이 수학을 잘 모르는 사람은 읽지 말라고 어려운 기하학으로 가득 채워놓은 책이지만, 뉴턴의 방법론이 잘 드러나는 서론, 일반주해 등은 수학을 모르는 사람도 읽을 수 있으니 안심하고 읽어도 된다.

· 리처드 웨스트폴, 『근대과학의 구조』 – 민음사, 1992

데카르트와 뉴턴이 활동한 과학혁명기 과학의 변화에 관심이 있다면 웨스트폴의 이 책을 읽어보기 바란다. 과학혁명기 기계적 철학의 자연 설명 방식을 정말 세세한 부분까지 설명해주고 있어서 기계적 철학에 관심 있는 사람에게 도움이 될 것이다.

· 김영식, 『과학혁명』 – 아르케, 2001

『근대과학의 구조』보다 좀 더 폭넓게 과학혁명에 접근하고 싶다면 김영식의 책을 추천한다. 코페르니쿠스, 케플러, 갈릴레오, 베이컨, 하비 등 과학혁명 주역들의 다양한 활동을 만나볼 수 있다.

· 볼테르, 『철학서간』 – 삼성문화재단, 1975

볼테르의 『철학서간』은 오래전 나온 어려운 말투의 번역을 제외하면 이렇다 할 번역본이 없는 상태이다. 하지만 영어가 그리 어렵지 않고 글 자체가 흥미로우니 한번 도전해보는 것은 어떨까? 전체를 다 읽지 않더라도 베이컨, 로크, 뉴턴을 다룬 부분은 꼭 읽어보길 권한다.

찾아보기

⊙ 이 책의 저자와 김영사는 모든 사진과 자료의 출처 및 저작권을 확인하고 정상적인 절차를 밟아 사용했습니다. 일부 누락된 부분은 이후에 확인 과정을 거쳐 반영하겠습니다.

⊙ p 88, 100, 108, 126, 150, 153, 156의 인용문은 『The Life of Isaac Newton』 (by Richard S. Westfall, Cambridge University Press, 1994)의 일부로 저자가 직접 번역한 것입니다.

Isaac Newton
&
René Descartes

인류의 지성사를 이끌어온
100인의 지식인 마을 주민들